轻质金属材料结构与性能

李伯琼　著

中国原子能出版社

图书在版编目 (CIP) 数据

轻质金属材料结构与性能 / 李伯琼著 . –– 北京：
中国原子能出版社, 2022.5
　ISBN 978-7-5221-1948-9

Ⅰ . ①轻… Ⅱ . ①李… Ⅲ . . ①轻质材料—金属材料—
结构②轻质材料—金属材料—性能 Ⅳ . ① TG14

中国版本图书馆 CIP 数据核字（2022）第 074142 号

内 容 简 介

轻质金属指的是超强轻质结构金属，具有非常高的比强度和比模量，或者硬质比。在航空航天、交通运输、车辆制造、化工领域等具有广泛的应用。本书全面阐述了铝及其合金、镁及其合金、钛及其合金的结构、性能与应用。与此同时还扼要地介绍了铍、锂、碱土金属等其他轻金属材料的结构与基本性能。为了体现前沿性，对轻金属及其合金的复合材料及纳米材料的相关内容进行了合理阐述。本书文字叙述简练，层次清晰，可作为高等学校金属、轻金属、有色金属等相关专业用书，也可供从事轻金属材料研究、生产、选材、销售的技术人员、管理人员和工程技术人员参考，是一本值得学习研究的著作。

轻质金属材料结构与性能

出版发行	中国原子能出版社（北京市海淀区阜成路 43 号 100048）
责任编辑	张　琳
责任校对	冯莲凤
印　　刷	北京亚吉飞数码科技有限公司
经　　销	全国新华书店
开　　本	710 mm × 1000 mm　1/16
印　　张	15.25
字　　数	242 千字
版　　次	2023 年 3 月第 1 版　2023 年 3 月第 1 次印刷
书　　号	ISBN 978-7-5221-1948-9　　定　价　98.00 元

网　　址：http://www.aep.com.cn　　E-mail:atomep123@126.com
发行电话：010-68452845　　　　　　版权所有　侵权必究

序

　　全球变暖引发的碳中和与碳达峰行动正在深刻地改变着世界，节能环保、绿色减排的理念深入人心。由此，以铝、镁、钛金属及其合金为代表的轻合金材料应用越发广泛，与此相关的新技术也不断涌现。山西省教育厅"1331工程"提质增效项目"轻质材料改性应用协同创新中心"立足山西省转型跨越发展，秉承服务区域经济目标，以节能环保及新能源汽车、新材料、智能制造等产业集群发展需求为牵引，紧密围绕轻合金结构材料表面改性、多功能热控机载可视窗材料、碳基材料复合增强、轻质材料增材制造工艺创新等四个研究方向，结合产业需求设计本科实践课程体系，针对企业核心卡脖子问题进行技术攻关，基于实训基地和产学研基地应用并推广科研成果，促进材料科学与工程学科的发展，并带动机械、化工、生物、信息等多学科协同发展，为地方培养知识、能力、素质全面发展的应用型人才。

　　本书作者作为协同创新中心负责人，具有多年的轻金属研究与应用开发经验。为了推广轻金属近年来研究与应用成果，拓宽其应用领域，更好地服务地方经济，撰写本书。

　　本书立足于学科发展前沿，介绍了轻合金材料基本特性、结构与性能，可为应用型本科生了解轻合金结构材料，并在机械系统与产品设计开发过程中合理选择轻金属材料及确定其加工工艺路线等方面提供帮助。

陆　兴

2022年2月

前　言

　　"轻金属"这个术语传统上是指铝和镁两种金属，因为它们常用于减轻部件和结构的重量。按这种说法，钛也是轻金属；轻金属中还应包括铍。这四种金属的相对密度是从1.7(镁)到4.5(钛)，而老一些的结构金属铁和铜的相对密度是7.9和8.9，最重的金属锇的密度为22.6。由于轻金属密度小，比强度、比模量高，且结构性能优异，已成为国民经济建设和国防建设中重要的战略物资之一，是飞机、舰船、坦克、装甲战车、火箭、导弹、飞船和卫星等重要的结构材料，也广泛应用于电子电气、机械制造和日用消费品等领域。

　　现代科学技术的发展和进步，对材料性能提出了更高的要求，往往希望材料具有某些特殊性能的同时，又具备良好的综合性能，因此，复合材料应运而生。复合材料是将两种或两种以上不同性能、不同形态的组分材料通过复合手段组合而成的一种多相材料。近年来，以镁、铝、钛为代表的轻金属基复合材料在航空航天、交通运输、电子设备等领域的应用取得了巨大的进步，引起了广泛的关注。

　　随着能源、资源问题的日渐突出，以铝、镁、钛金属及其合金为代表的轻合金材料应用越来越广泛，与此相关的新技术也不断涌现。为了推广轻金属近年来研究与应用的成果，拓宽其应用领域，撰写了本书。全书共7章。第1章绪论，阐述了材料与金属材料、轻金属及其基本特性、轻金属材料的应用、我国轻金属材料研究存在的问题及发展对策。第2章至第4章，分别详细阐述了铝及其合金、镁及其合金、钛及其合金的结构与性能。第5章简要地介绍了锂、铍、碱土金属等其他轻金属材料的结构与基本性能。第6章轻金属基复合材料，具体阐述了铝基复合材料、镁基复合材料和钛基复合材料的组织结构及性能。第7章轻金属纳米材料，详细分析了纳米铝及其复合材料、纳米镁及其复合材料、纳米钛及其复合材料的结构和性能。

本书立足于反映学科发展前沿、强化基础理论学习，拓宽读者的知识面，反映轻金属材料的新知识、新技术、新工艺。本书注重实用性和先进性，以性能数据列表为主，文字叙述简练，层次清晰，数据可靠。

在撰写过程中，作者参考了大量的书籍、论文和相关资料，在此向这些专家、文献作者一并表示衷心的感谢。同时感谢程鹏、杨柳青、谢瑞珍、李春林四位博士倾情查修。由于作者水平所限以及时间仓促，书中不足之处在所难免，敬请读者不吝赐教。

著　者

2021年11月

目 录

第1章 绪 论

    材料是当代社会经济发展的物质基础，也是制造业发展的基础和重要保障。进入21世纪以来，随着经济在全球的发展，随着中国的崛起，现代制造业的中心向中国转移。今天，中国的制造业直接创造国民生产总值的30%以上，约占全国工业生产总值的80%。我国虽然已经是世界制造业大国，但从世界银行统计数据来看，作为曾经的世界工厂，美国自1895年直到2010年，在制造业第一的"宝座"上稳坐了115年。而从2010年起，中国制造业总产值不仅超过美国，而且几乎等于美日德三国之和，达到俄罗斯的13倍。目前中国制造业占GDP的36.9%。中国2013年生铁产量世界第一，钢产量超过第2名至第20名国家产量的总和。2013年中国研发人员总数达到353.3万人，超过美国，居世界第一位。材料是人类赖以生存和发展的物质基础。近年来，以信息、生物、能源和新材料为代表的高新技术及其产业的迅猛发展，深刻地影响着各国的政治、经济、军事和文化，高技术产业已经成为世界经济发展的新动力，其发展水平和规模决定了一个国家在世界经济中的地位和国际竞争力。

1.1　材料与金属材料

1.1.1　材料概述

材料是人类制造用于生活和生产的物品、器件、构件、机器以及其他产品的物质。材料是人类赖以生存和发展的物质基础，也是社会现代化的物质基础与先导。材料、能源、信息和生物技术是21世纪中国国民经济建设的支柱产业，其中材料占有十分突出的地位，其他三个方面的发展，在一定程度上依赖于材料科学的进步。因此，世界各国都把新材料的研究开发作为重点发展的关键技术之一。

金属、陶瓷、高分子三大工程材料的发展历史可以追溯到上万年前的远古时代，但作为现代科学技术的基础，它们却只有数百年乃至近百年的历史。自古以来三大工程材料在不同的社会历史阶段所占的重要性比例不同。19世纪以后，金属材料的比重越来越大；20世纪，金属材料在国民经济中的重要性最大，用量最多。

1.1.2　金属材料的发展历史

远在一万年前，人类已开始使用金属材料。人类最早应用的金属材料是金、铜。人类在自然界中取得自然金，对自然金进行加工。自然金来自天然金块和沙金。中国出土的金制品多为饰物，如金珥、金箔等。远古人类使用的铜为天然铜，铁是天然铁——陨铁，是"天赐"的金属。我国出土铜器主要是刀、锥等工具。我国商周出土的7件陨铁制品有经过锻造的痕迹。1972年河北出土的铁刃铜钺，在铁刃中含有镍的层状组织，确认是含镍较高的陨铁锻造而成的。

春秋战国时期在我国出现了冶铁术，可以制作更加锋利的兵器。传统的冶铁术无法满足市场的需求，1868年我国相继建成一些炼铁厂和炼钢厂，为市场提供了铸铁和钢材。世界上钢铁材料的大量生产，大大促进了社会经济的发展。

直到20世纪中叶，在材料工业中金属材料一直占绝对优势。近半个世纪以来，随着高分子材料(尤其是合成高分子材料)、无机非金属材料(尤其是先进陶瓷材料)，以及各种先进复合材料的发展，金属材料的绝对主导地位才逐渐被其他材料所部分取代。除此之外还涌现了其他许多新型高性能金属材料，如快速冷凝金属非晶和微晶材料、纳米金属材料、有序金属间化合物、定向凝固柱晶和单晶合金等。新型金属功能材料，如磁性材料中的钕铁硼稀土永磁合金及非晶态软磁合金、形状记忆合金、新型铁氧体及超细金属隐身材料、贮氢材料及活性生物医用材料等也正在向着高功能化和多功能化方向发展。

我国新一代钢铁材料发展方向是高纯净度，高均匀性，超细晶粒。日本"超级钢铁材料"计划目标是：在不增加合金元素的前提下，将普通高强度合金钢的强度提高一倍(由400 MPa提高到800 MPa)，而且可以焊接，焊后不降低强度。研究耐海水腐蚀的新钢种，使其寿命延长一倍。超临界耐热锅炉钢板，服役条件：650 ℃，350个大气压，拟采用铁素体耐热钢。发展1 500 MPa的超高强度钢，克服延迟断裂，提高疲劳强度。我国钢铁发展方向应当是在保证产量的同时，大力提高钢铁材料的质量，做到高质量、多品种。

1.1.3 金属材料的定义

金属是一种具有光泽(即对可见光强烈反射)，富有延展性，容易导电、导热的物质。金属的上述性质与金属晶体内含有自由电子有关。不仅纯金属，例如铝、铜、铁等具有上述性质，当纯金属中加入某些金属元素或含有一定量的非金属元素的复杂物质时，即所谓金属合金也具有上述性质，因而广义地说，金属合金亦称为金属。在工业产品造型的设计中，应用最为广泛的金属材料是钢铁材料，其次是非铁金属材料，近年来性能优异、用途广泛的铸造合金材料的出现也为工业设计提供了更为丰富的选择。

1.1.4　金属材料的特性

金属材料的最基本性质：金属材料是工业产品设计中使用最为广泛的材料之一，具有其他材料所不具备的优异性能。

（1）具有相对良好的反射能力，金属光泽及不透明性。

（2）具有良好的力学性能，强度、硬度高，耐磨耗性好，广泛用于薄壳构造和结构材料。

（3）具有良好的导热、导电性能，一般纯金属的导电性能优于合金材料，且导电性能随温度升高而增强，部分金属具有超导性。

（4）具有良好的工艺性能和优异的延展性，可采用铸造、锻造、焊接和切削等多种手段进行加工。

金属材料相对其他造型材料也存在一些缺点，如密度一般较大，绝缘性能较差，表面易氧化或腐蚀生锈(一般需要进行表面处理)，缺乏色彩，加工设备及费用相对较高等。

1.1.5　金属材料的分类

金属材料具有许多优良的使用性能（如力学性能、物理性能、化学性能等）和加工工艺性能（如铸造性能、锻造性能、焊接性能、热处理性能、机械加工性能等）。特别可贵的是，金属材料可通过不同成分配制，不同工艺方法来改变其内部组织结构，从而改善性能。加之其矿藏丰富，因而在机械制造业中，金属材料是应用最广泛、用量最多的材料，在机械设备中约占所用材料的90%以上。金属材料主要包括三大类：钢铁材料、有色金属材料和新型金属材料，其中又以钢铁材料占绝大多数。

1.1.5.1 钢铁材料

钢是经济建设中极为重要的金属材料。它是以铁、碳为主要成分的合金，其含碳量小于2.11%，为了保证其韧性和塑性，含碳量一般不超过1.7%。

（1）钢的分类

生产上使用的钢材品种很多，为了便于生产、选用与研究，有必要对钢加以分类。钢的分类方法很多，常用的有以下几种。

①按用途分类。按钢材的用途可分为结构钢、工具钢和特殊性能钢三大类。

结构钢用于制造各种机器零件及工程结构。制造机器零件的钢包括渗碳钢、调质钢、弹簧钢及滚动轴承钢等。用作工程结构的钢包括碳素钢中的甲类钢、乙类钢、特类钢和普通低合金钢。

工具钢用于制造各种工具。根据工具钢的不同用途可分为刃具钢、模具钢与量具钢。

特殊性能钢是具有特殊物理和化学性能的一类钢。可分为不锈钢、耐热钢、耐磨钢与磁钢等。

②按化学成分分类。按钢的化学成分可分为碳素钢和合金钢两大类。

碳素钢按钢的含碳量可分为低碳钢（含碳量不大于0.25%），中碳钢(含碳量为0.25%～0.6%)和高碳钢（含碳量大于0.6%）。

合金钢按钢的合金元素含量可分为低合金钢（合金元素总含量不大于5%），中合金钢（合金元素总含量在5%～10%）与高合金钢（合金元素总含量大于10%）。

此外，根据钢中所含主要合金元素种类的不同，也可分为锰钢、铬钢、铬镍钢及铬锰钛钢等。

③按质量分类。主要是按钢中的磷、硫含量来分类，可分为：普通钢（含磷量不大于0.045%、含硫量不大于0.055%，或磷、硫含量均不大于0.050%），优质钢（磷、硫含量均不大于0.040%）和高级优质钢(含磷量不大于0.035%，含硫量不大于0.030%)。

④按冶炼方法分类。按炉别可分为转炉钢和电炉钢。按脱氧程度可分为沸腾钢、镇静钢和半镇静钢。

⑤按金相组织分类。钢的金相组织随处理方法不同而异。按退火组织分为亚共析钢、共析钢和过共析钢，按正火组织分为珠光体钢、贝氏体钢、马氏体钢及奥氏体钢。

（2）铸铁

铸铁是含碳量大于2.11%的铁碳合金。它还含有硅、锰、磷、硫及某些合金元素。铸铁的成分大致为：含碳量为2.5%～4.0%，含硅量为1.0%～3.0%，含锰量为0.5%～1.4%，含磷量为0.01%～0.5%，含硫量为0.02%～0.20%。与钢相比，主要区别在于铸铁含碳、硅较高，含硫、磷杂质元素较多，所以，铸铁与钢的组织和性能差别较大。

铸铁是一种使用历史悠久的最常用的金属材料。中国是世界冶铸技术的发源地，早在春秋时期，铸铁技术就已有了很大的发展；并用于制作生产工具和生活用具，比西欧各国约早2000年。直到目前，铸铁仍然是一种重要的工程材料。中国铸铁的年产量达到数百万吨，它广泛应用于机械制造、冶金矿山、石油化工、交通运输、造船、纺织机械、基本建设和国防工业等部门。据统计，按质量百分比计算，在农业机械中铸铁件约占40%～60%，汽车、拖拉机中约占50%～70%，机床制造中约占60%～90%。铸铁之所以获得广泛的应用，是因为它的生产设备和工艺简单、价格低廉。铸铁还具有优良的铸造性能，良好的减磨性、耐磨性、切削加工性及缺口敏感性等一系列优点。工业上常用的铸铁有灰铸铁、可锻铸铁、球墨铸铁和特殊性能铸铁等。

1.1.5.2　有色金属材料

除了钢铁材料外，其他的金属及合金是不以铁为基体的，称为有色金属及合金。有色金属在国民经济各个部门的应用十分广泛，并具有特殊的重要性，各国都重视和发展有色金属工业。有资料显示，有色金属产量约为世界钢产量的5%。有色金属及合金的种类很多，其产量和使用量不及钢铁，但由于它们具有某些独特的性能和优点，因而成为现代工业中不可缺少的材料。

由于各国地理位置、矿产分布和生产状况等的不同，对有色金属的分类并不统一。一般按有色金属的密度、经济价值、在地壳中的储量及分布情况和被人们发现及使用的年代等分为五大类，即轻有色金属、重有色金属、稀有金属、贵金属和半金属。稀有金属又分为稀有轻金属、稀有高熔点金属、稀有分散金属、稀土金属和稀有放射性金属五个类别。

（1）轻有色金属

轻有色金属一般是指密度在4.5 g/cm^{3}以下的有色金属，其包括铝、镁、钛、钠、钾、钙、锶、钡等。这类金属的共同特点是密度小(0.53～4.5 g/cm^3)，化学活性大，氧、硫、碳和卤素化合物都相当稳定。这类金属多采用熔盐电解法和金属热还原法提取。其中铝是当代生产量和应用量最大的有色轻金属，镁是实用金属中最轻的金属，钛被称为"太空金属"和"崛起的第三金属"。

（2）重有色金属

重有色金属一般是指密度在4.5 g/cm^{3}以上的有色金属，其包括铜、镍、铅、锌、钴、锡、锑、汞、镉和铋。一般用火法冶炼和湿法冶炼。这类金属的共同特点是密度较大，化学性质比较稳定，多数金属被人类发现与使用较早，如铜、锡、铅被称作金属元素。其中，最常用的是铜及其合金。

例如，电触头材料是电子工业中的重要材料，技术上要求该材料具有高导电性、高强度、高导热、耐磨损和耐电弧侵蚀、环保等性能。目前，常用的触头材料有铜钨、铜铬、Ag-CdO等合金。研究表明，在工业纯铜中添加对环境无害的碲，在触头起弧时容易气化，有灭弧的作用，其导电率可达94%~98% IACS，强度可达500 MPa以上，具有高强度和高电导性，也是一种较为优良的电触头材料。当前高品质的铜碲合金主要依赖进口，国内尚处在开发阶段。

华菊翠等采用真空感应炉制备出0.5%Te，1.0%Te，1.5%Te的Cu-Te合金，然后进行了锻造和拉拔工艺试验。通过金相显微镜观察了合金中第二相的分布情况，测试了拉拔试样退火前后的拉伸性能和电阻率。结果表明：Cu-Te合金中的第二相主要分布在晶界上；随着Te含量的增多，第二相的数量除了在晶界分布外，在晶内也有分布。1.0%Te和1.5%Te的Cu-Te合金易煅裂，只有0.5%Te可以锻造；0.5%Te锻造合金拉拔后第二相被拉长并沿拉伸方向呈纤维状分布；拉拔试样的抗拉强度远高于退火试样；退火略微降低Cu–Te合金的电阻率(2.57×10^{-8} Ω·m)，但仍高于美国Cu–Te合金(C14500)标准的电阻率(1.86×10^{-8} Ω·m)[①]。

①纯铜（紫铜）。紫铜就是工业纯铜，相对密度为8.96，熔点为1 083 ℃。在固态时具有面心立方晶格，无同素异构转变。塑性好，容易进行冷—热加工。经冷变形后可以提高纯铜的强度，但塑性显著下降。

纯铜的性能受杂质影响很大。它含的杂质主要有Pb、Bi、O、S和P等。Pb和Bi基本上不溶于Cu，微量的Pb和Bi与Cu在晶界上形成低熔点共晶组织（Cu+Bi或Cu+Pb），其熔点分别为270 ℃和326 ℃。当铜在820~860 ℃范围进行热加工时，低熔点共晶组织首先熔化，造成脆性断裂，即称为"热脆性"。又由于O、S与Cu形成Cu_2O与Cu_2S脆性化合物，在冷加工时产生破裂，即称为"冷脆性"。因此，在纯铜中必须严格控制杂质含量。

工业纯铜按杂质含量的多少分为四种：T1、T2、T3、T4。"T"为铜的汉语拼音字头，其后的数字越大，纯度越低。

②黄铜。Cu–Zn合金或以Zn为主要合金元素的铜合金称为黄铜。它的色泽美观，加工性能好。按化学成分的不同，黄铜可分为普通黄铜和特殊黄铜两类。工业中应用的普通黄铜，根据室温下的平衡组织分为单相黄铜和双相黄铜：当黄铜中含锌量小于39%时，在室温下的组织是单相α固溶体，称为单相黄铜；当含锌量为39%~45%时，室温下的组织为α+β，称为双相黄铜。

黄铜的耐蚀性好，超过铁、碳钢和许多合金钢。铸造黄铜的铸造性能较好，它的熔点比纯铜低，且结晶温度间隔较小，有较好的流动性和较小的偏析，并且铸件组织致密。

常用的黄铜有H70、H62等。"H"为"黄"的汉语拼音字首，数字表示平均含Cu量。例如，H70表示平均含Cu量为70%的黄铜。如为铸造产品，则在H70前加"Z"（铸）字，如ZH70。

---

① 华菊翠，李伯琼，张丹枫，等.Cu–(0.5%~1.5%)Te合金组织和性能[J].大连交通大学学报，2007，28(1):66–69.

在普通黄铜中加入其他元素所组成的多元合金称为特殊黄铜。常加入的元素有铅、锡、硅、铝、铁等，相应地称这些特殊黄铜为铅黄铜、锡黄铜。

③青铜。青铜系指Cu-Sn合金，是人类应用最早的一种合金，工业上习惯称含有Al、Si、Pb、Mn、Be等的铜基合金为青铜。所以，青铜包括有锡青铜、铝青铜及铍青铜等。

（3）贵金属

贵金属包括金、银和铂族元素（铂、铱、锇、钌、钯、铑）。由于它们对氧和其他试剂的稳定性，而且在地壳中含量少，开采和提炼也比较困难，价格也比一般金属高，因而得名贵金属。贵金属的特点是密度大($10.4\sim22.4$ g/cm^3)，熔点高（最高可达3 000 ℃），化学性质稳定，抗酸、碱，难于腐蚀（银和钯除外）。

银是石油和天然气等化学工业生产中的重要催化剂，用于甲醇氧化制甲醛、乙烯直接氧化制环氧乙烷等反应。李志强等选用去合金化的方法来制备多孔银，并研究了$Ag_{60.7}Al_{39.3}$合金在H_2SO_4中的阳极极化行为。线性扫描时，当电压大于临界电位后，随着H_2SO_4浓度增大，电流密度增长相应加快，而其自腐蚀电位相差不大。在0.1 mol/L H_2SO_4中，0.5 V的电压能腐蚀出海绵状的双连续多孔结构，孔径在微米级。0.8 V的电压下所得到的银表面形貌呈平行的片状结构。1.0 V和1.4 V的电压下分别呈块状堆积形貌和波浪形形貌。在0.01 mol/L H_2SO_4中得到的小孔径宽度小于200 nm，在0.05 mol/L H_2SO_4中腐蚀后得到的孔径宽度在300 nm左右，表明降低H_2SO_4浓度减小腐蚀电压可得到纳米级的小孔[①]。

覃作祥等采用去合金化法制备多孔银，研究了浓盐酸浸泡处理对多孔结构的影响，利用纳米压痕技术测试多孔银的硬度并研究其与多孔结构的关系。结果表明：多孔银的孔壁尺寸随浸泡时间增长而增大，孔隙度随浸泡时间增长而减小，硬度随孔隙度的增大而增大，多孔银孔壁的屈服强度远高于

---

① 李志强，李伯琼，何辉，等.Ag60.7Al39.3合金的阳极极化行为和去合金化研究[J]功能材料增刊，2007，38:2606-2608.

多晶银[①]。

（4）稀有金属

稀有金属通常是指那些在自然界中存在很少，且分布稀散或难以从原料中提取的金属。稀有金属种类繁多，又分为稀有轻金属、稀有高熔点金属、分散金属、稀土金属和放射性金属。稀有金属包含的种类及金属特性见表1-1。

表1-1　稀有金属种类及金属特性

分类名称	说明
稀有轻金属	包括锂、铍、铷、铯。这类金属密度小($0.53\sim1.9$ g/cm³)，化学性质活泼，性能独特，如锂、铍在发展核能、航天工业中具有重要地位
稀有高熔点金属	包括钨、钼、钽、铌、锆、铪、钒、铼等，其特点是熔点高($1\,700\sim3\,400$ ℃)、硬度大、耐蚀性强，是高科技发展不可缺少的重要材料
分散金属(稀散金属)	包括镓、铟、锗、铊等。这些金属在地壳中分布分散，通常不能独立形成矿物和矿产，只能在提取其他金属过程中综合回收。分散金属产量低，产品密度高，性能独特，在电子、核能等现代工业中占重要地位
稀土金属	包括镧系元素(镧、铈、镨、钕、钷、钐、铕、钆、铽、镝、钬、铒、铥、镱、镥)以及性质与镧系元素相近的钪和钇。这类金属原子结构相同，物理化学性质相近，化学活性很强，几乎能与所有元素作用。稀土金属提纯困难，直至今日仍有不少产品以"混合金属"生产
稀有放射性金属	包括天然放射性元素钋、镭、锕、钍、铀、镤以及人造放射性元素钫、锝、鉕、钷和人造超铀元素镎、钚、镅、锔、锫、锎等。这些元素在矿石中往往是彼此共生，也常常与稀土矿物伴生。放射性金属具有强烈的放射性，是核能工业的主要原料

（5）半金属

物理和化学性质介于金属与非金属之间的化学元素称为半金属，一般是指硅、硒、碲、砷和硼。此类金属根据各自的特性，具有不同的用途。硅是

[①] 覃作祥，贾燚，李志强，等.多孔银的微观结构与纳米压痕法力学性能[J].大连交通大学学报，2010，31(3):67−70.

半导体用主要材料之一，与硼一样也是制造合金的添加元素；高纯碲、硒和砷是制造化合物半导体的原料；砷虽是非金属，但又能传热和导电。

1.1.5.3 新型金属材料

（1）超塑性合金

很多人都曾经吃过拉面，也见过拉面的过程。一小块面从团状或者片状开始，随着厨师们双手的上下甩动，由一团变成了1根，再由1根变成2根、4根、8根，面的直径由胳膊粗变成了指头粗，再到头发丝细，整个过程一气呵成，而面却始终不断。这就是生活中的超塑性的使用范例。人类的想象是永无止境的，细心的科学家们想到了会不会存在像拉面一样由粗到细却从不断裂的超塑金属呢？

超塑性是一种奇特的现象，是指物体在一定的内部条件和外部条件下，呈现出异常低的流变抗力、异常高的流变性能的特性。换句话说，就是材料具有极大的伸长率，易变形，且不出现缩颈，也不会断裂。通常情况下，金属的伸长率不超过80%，而超塑性金属的伸长率可高达6 000%。

1982年，英国物理学家森金斯做出了如下定义：凡金属在适当的温度下（大约相当于金属熔点温度的一半）的应变速度为10 mm/s时产生本身长度3倍以上的伸长率，就属于超塑性。

在超塑性条件下，把脆性的铝合金材料压制成几十微米厚的薄片，再依次以薄片为基体敷以硼纤维和碳纤维，这样就可以综合基体材料和骨架材料的双重优点，制造出符合要求的超级材料。如果用这种材料来加强飞机上的衬板，不但可以使机翼的刚度提高，而且还能使其质量减轻。超塑性对于纺织行业的发展同样起到了举足轻重的作用，利用铝锌合金的超塑性制造的金属槽筒，成功地代替了原有的胶木制槽筒，成为纺织行业的首选产品，受到了纺织行业的广泛欢迎。

超塑性现象在20世纪20至30年代被发现，但到20世纪70年代才成功地应用于金属的成型加工。据统计，目前已在100多种金属合金中观察到超塑性现象。利用材料的超塑性进行加工，加工速度慢，工作效率低，但超塑性加工又是一种固态铸造方式，成型零件尺寸精度高，可制备复杂零件。由于超塑性的组织细，易于和其他金属和合金压接在一起，形成复合材料。根据超塑性机理，超塑性合金可分为以下两种：

①细晶超塑性。要产生细晶超塑性，其必要条件是：温度要高，约为熔点的0.4～0.7倍（绝对温度）；应变速率ε要小，通常$\varepsilon \leqslant 10^{-3}\ s^{-1}$；材料的晶粒为非常细的等轴晶粒，晶粒直径小于$5\ \mu m$。一般金属的晶粒平均直径在0.1 mm左右，约减小到$5\ \mu m$以下时，金属合金就获得细晶超塑性。

②相变超塑性。在金属合金发生固态相变的温度附近，反复地进行加热和冷却循环，在此过程中对金属合金施加一定的外力而引起的超塑性变形，称为相变超塑性或动态超塑性。

超塑性现象不仅可以应用在金属及合金的形变加工，而且利用超塑性还可以实现固态下金属及合金的接合。

（2）金属玻璃

说起金属的特点，跃入我们脑海的首先是坚硬、不透明，有时会生锈，甚至有时会断裂，而谈到玻璃，给人的感觉是易破碎、透明。大家也知道金属是晶体，玻璃是典型的非晶体。金属玻璃，听上去就像是一个不可思议的东西，但是金属和玻璃这两种看似完全风马牛不相及的材料，却被科学家们神奇地联系在了一起。

金属玻璃又称为非晶态合金。所谓非晶态，是相对晶态而言，它是物质的另一种结构状态，传统的玻璃就是典型的非晶态。它不像晶态那样，原子在三维空间做有规则的周期性重复排列，而是一种长程无序、短程有序的结构。1959年美国加州理工学院的杜威兹(Duwez)采用合金从熔化状态喷射到冷的金属板上的方法处理Au-Si二元合金，经X射线衍射测试发现此二元合金不是晶态，而是非晶态。人们用超高速冷却的方法（冷速达到每秒100万度或更高），使凝固后的Au-Si合金中的原子仍基本上保持着原来液态时的堆积状态，并没有发生结晶过程。因此，将这种合金称为非晶态合金。非晶态合金的出现，对传统金属及合金结晶概念产生了巨大冲击，引起科技界专家的关注。自20世纪60年代以来，对非晶态合金的制备方法、结构及性能等进行了大量研究。制成的非晶态合金有很多种，一般是由过渡族金属元素（或贵金属）与类金属元素组成的合金。所以，人们把非晶态合金又称为"玻璃态金属"或"金属玻璃"。金属玻璃是目前材料科学中广泛研究的一个新领域，也是一类发展较为迅速的新材料，其根本原因是金属玻璃的物理、化学性能比相应的晶态合金更佳。

（3）金属橡胶

金属橡胶的出现是材料学上的一次革命，它为人类带来了新的曙光。有了这种既具备金属的特性又有橡胶伸缩自如特点的新材料，未来的飞机就可以拥有像鸟儿一样能根据需要改变形状的翅膀，使得飞行不仅更经济，而且更有效，更安全。

金属橡胶构件既具有金属的固有特性，又具有类似于橡胶一样的弹性，是天然橡胶的模拟制品。它在外力的作用下尺寸可以增大2～3倍，外力卸除后便可恢复原状。这种材料在变形时仍能够保持其金属特征，具有毛细疏松结构，特别适合在高温、低温、大温差、高压、高真空、强辐射、剧烈振动及强腐蚀等环境下工作。

金属橡胶还可以作为减振材料和密封材料。它是以金属丝为原材料经过特殊工艺成形的构件，可以像普通橡胶那样，振动时吸收大量的能量，加入不同的金属还可以耐腐蚀且不易老化，是传统橡胶的最佳替代品。

金属橡胶技术已广泛应用于国内外工业生产，特别是在减振、密封、吸声降噪等领域应用前景广阔。

金属橡胶内部由金属丝相互嵌合而成，在受到来自外部的振动冲击时，金属丝之间将会发生滑移，由此产生的摩擦力可以耗散振动或冲击能量。

金属橡胶材料与普通橡胶材料相比，其最大的特点是可以通过生产过程中工艺手段的不同来控制其弹性。金属橡胶密封结构类似蜂窝状密封结构，可以改善气流方向，密封效果十分理想。

尽管金属橡胶在可变形机翼飞机和机器触觉手套上已经开始应用，但它还是最有可能更多地出现在一些更低级、更实用的场合（如需要在极端条件下工作的柔性导电线圈等），利用它制造的便携式电子产品（如手机、掌上电脑）可以任你折腾，再也不用担心被摔坏。

（4）金属纤维

现在有一种新型金属材料，称为金属纤维。一根头发丝粗细的金属纤维，竟然可以承受1 500 N的拉力。

金属纤维是采用金属丝材经多次拉拔、热处理等特殊的加工工艺制成的纤维状材料。最细的纤维丝的直径可达1 μm，纤维强度高达1 500~1 800

MPa。金属纤维，顾名思义，就是不但具有金属材料本身固有的一切优点，还具有纤维（非金属）的一些特殊性能。由于金属纤维的表面积非常大，因而在抗辐射、隔声、吸声等方面应用广泛。

由于金属纤维的特点，在材料中添加适量的金属纤维就可以大大改善其性能。例如，多国部队在1991年的海湾战争中大量使用了一种雷达敏感器。这种雷达敏感器含有一种将金属与有机纤维混合纺织在一起的金属纤维，该金属纤维具有能够反射电磁波的特性，并使得反射的雷达波能够完全被雷达敏感器发现。由于这种新型的雷达敏感器能够及时察觉到对方导弹的发射动向，因此有效地保护了多国部队的安全，使伊拉克发射的"飞毛腿"导弹仅有一颗击中多国部队，其余导弹全部未击中目标。这也直接影响了战争的最终结果。

如果将少量金属纤维与塑料纤维混合在一起制成布料，则其形成的屏蔽层既可阻碍电磁波的辐射，又可防止其他电磁波的干扰，从而达到保护人类健康的目的。将99.9%纯度的镍制成的直径8 μm左右的金属纤维与高分子纤维混合纺织可制成一种新的布料，镍纤维混合纺织布料。这种布料既具有美观的优点，又能满足使用对强度的要求。一般镍纤维质量分数为4%~5%就可以达到抑菌和抗辐射的效果。镍纤维可与麻、棉、丝和毛等多种纤维混合纺织，制成的布料对典型病菌的抑制率高达99%以上，主要用于制作病员服、医护人员抗辐射工作服、口罩、纱布、手套等。现在许多医院里都配备了这种外表美观大方，同时具有较强抗辐射性能的工作服，摒弃了以前工作服华而不实的缺点。据统计，使用该种工作服，使得我国医护人员被病菌感染的概率降低了70%，大大改善了医护人员的工作条件。

金属纤维毡具有耐高温性，同时它的高孔隙度和空隙曲折相连性还能改变声音的传播路径，并在传播中降低声音的能量，达到吸声和隔声的目的。因此，金属纤维毡在高温环境和噪声分贝较高的环境下，吸声效果比传统吸音材料强100倍以上。现在，许多汽车公司都在自己的主推品牌里使用了金属纤维，如宝马汽车公司在最新推出的概念汽车上采用了金属纤维布料作为车身表面，可以有效隔绝发动机和其他零部件运行产生的噪声，真正做到了赏心悦目。可以说，宝马又一次走在了汽车改革的前沿。

金属纤维按材质不同，可分为不锈钢纤维、碳钢纤维、铸铁纤维、铜纤维、铝纤维、镍纤维和铅纤维等。按形状不同可分为长纤维、短纤维、粗纤维、细纤维和异型纤维等。

目前世界上生产的金属纤维中，钢纤维居多，应用也最广，其次是铝纤维、铜纤维和铸铁纤维。

钢纤维的常用截面为圆形，其直径为0.2~0.6 mm，长度为20~60 mm，主要作用是增强砂浆或混凝土的强度和韧性。为了增加纤维和砂浆或混凝土的界面黏结力，也可选用各种异形的钢纤维，如截面为矩形、锯齿形和弯月形等。

（5）超导材料

超导，又称超导电性，当前是指某些材料被冷却到低于某个转变温度时电阻突然消失的现象。具有超导性的材料即被称为超导材料。零电阻和完全抗磁性是超导材料的两个最基本的宏观特性。除此之外，还有约瑟夫森(Josephson)隧道效应和磁通量子化。

由于超导材料没有电阻，在很多方面会引起重大突破，应用前景广阔。从1911年到现在，人们对超导现象进行了大量的研究，在数千种物质中发现了超导电性。如可制造超导变压器、超导电缆、超导电动机、超导磁悬浮列车、超导电磁炮等，对国民经济和国防建设具有重大战略意义。超导材料之所以在几十年时间里没有得到广泛应用，其原因在于难以制造工程用的超导材料，又难以保持很低的工作温度，还有人们对超导的机制认识不很清楚。1935年伦敦兄弟写出了第一个超导体的电动力学方程，并推出穿透深度效应。1950年皮帕德推广伦敦理论，提出相干长度的概念。1957年巴丁、库柏、徐瑞佛合作提出微观超导体理论，即BCS理论，人们才真正弄清了超导的本质。这样，超导理论才获得重大突破。特别是近20多年来，超导技术在理论、材料、应用和低温测试方面都取得了很大的进展，有的已开始实际应用，并逐步商品化。超导材料的发现是20世纪物理学的一项重大成就，它为人类展现出一个前景十分广阔的崭新的技术领域，必将引发一场科学技术革命。

（6）形状记忆合金

形状记忆合金(Shape Memory Alloy)是指某些合金材料在某一温度下受外力而变形，当外力去除后，仍保持其变形后的形状，但当温度上升到某一温度，合金材料会自动恢复到变形前原有的形状，并对以前的形状保持记忆，这种合金材料就称为形状记忆合金。形状记忆合金作为一种新型功能材料，已发展成为独立的学科分支。自1963年发现TiNi合金具有形状记忆效应之后，对形状记忆合金材料的研究进入到一个新的阶段。

20世纪70年代初，发现CuAlNi合金具有良好的形状记忆效应，后来在铁基合金、FeMnSi基合金和不锈钢中也发现了形状记忆效应，并在工业中得到了应用。1975—1980年，主要研究形状记忆合金的形状记忆效应机制及其密切相关的相变伪弹性效应。到20世纪80年代，科学家终于突破了TiNi合金研究中的难点，对形状记忆效应机制的研究逐步深入，应用范围不断拓宽，在机械、电子、化工、宇航、运输、建筑、医疗、能源和日常生活中均获得应用，形状记忆合金是一种"有生命的合金"，相信在若干年或几十年后一定会出现重大突破。

（7）贮氢合金

在一定温度和氢气压力下，能多次吸收、贮存和释放氢气的材料称为贮氢合金。贮氢合金为什么能吸氢？因为氢是一种很活泼的元素，能与许多金属起化学反应，生成金属氢化物。金属与氢的反应，是一个可逆过程。是金属吸氢生成金属氢化物，还是金属氢化物分解释放出氢，要受温度、压力与合金成分的控制。由于氢是以固态金属氢化物的形式存在于贮氢合金中，氢原子密度要比同样温度压力条件下的气态氢大1 000倍，也就是说，相当于贮存1 000个大气压的高压氢气。从理论上讲，某些贮氢合金，吸收与氢气瓶贮氢体积相等的氢气，其质量只有氢气瓶的1/3，而体积却不到氢气瓶的1/100。因此，用贮氢合金贮氢，既不需要贮存高压氢气的体积庞大的钢瓶，也不需要贮存液态氢的低温设备和绝热措施，安全可靠。更为重要的是：贮氢合金不仅具有贮氢本领，而且还能进行能量转换。人们利用贮氢合金吸氢、放氢的过程与温度、压力之间的关系，实现化学能—热能—机械能之间的转换。金属在吸氢时生成金属氢化物，放出热量，把化学能转化为热能；在分解放出氢时，吸收热量，又把热能转换为化学能。利用贮氢合金这种功能把生产中的余能转变为化学能贮存起来，可以有效地利用能源。

（8）电子信息和敏感材料

人们把应用在信息技术方面的新材料，叫作信息材料。而信息材料的发现和使用与电子、光电子技术密切联系，因此，人们又把信息材料称为电子信息材料。金刚石薄膜作为电子信息材料，应用前景十分广泛。在航天及高温状态下的半导体器件中都广泛应用。铁电材料是具有铁电效应（即自发电极化现象）的一种材料。该材料具有一个或两个临界温度，使材料发生结构相变。也就是电极化相（铁电相）与非电极化相（顺电相）相变。铁电存储器是利用电容器放电原理，存贮单元是一个简单的电荷存放单元。在高密度存储方面铁电存储器有相当优势。铁电材料的电荷存放密度比原来半导体存储器中的氧化物—氮化物—氧化物有数量级的提高，256千位器件就具有满意的工作性能，使铁电存储器的应用变得更加广泛。

敏感材料是指一些具备一种能敏锐地感受被测量物体的某种物理量大小和变化的信息，并将其转换成电信号或光信号输出特性的材料。敏感材料根据它的功能可分为热敏、压敏、湿敏、气敏、力敏、磁敏、光敏、声敏、离子敏、射线敏和生物敏等类型。利用敏感材料可制备各种传感器，广泛应用在自动控制、自动测量、机器人、汽车和计算机外部设备等。传感器是重要的信息获取材料，它是利用材料具有不同的物理、化学和生物效应制成对光、声、磁、电、力、温度、湿度和气体等敏感的器件，是信息获取、感知和转换所必需的元件，同时也是自动控制和遥感技术的关键。

1.2　轻金属及其基本特性

轻金属的种类和品种很多，当前全世界金属材料的总产量约8亿t，其中轻金属材料约占4%，处于补充地位，但是轻金属在国防和社会发展中的重要作用却是钢铁或其他材料无法代替的。特别是在航空航天、舰船和国防装备领域，轻金属更是占据着举足轻重的地位，其发展受到各国的高度重视。

1.2.1　轻金属的定义

在有色金属中，轻金属发展较晚，18世纪末陆续发展后，19世纪初才得以分离为单独的金属，20世纪才开始工业生产。然而，轻金属的生产发展迅速，铝的产量在1956年超过了铜，跃居为有色金属之首，成为产量仅次于钢铁的金属。

轻有色金属是指密度小于4.5 g/cm³的有色金属，如铝、镁、钛等金属及其合金等，轻有色金属以密度小、比强度与比模量高的特性而在运载火箭、卫星、飞机、汽车、船舶上获得广泛应用，是制造其中许多结构件和零部件的主要材料。这些轻有色金属可通过压力加工的方法，制成各种各样的加工材，其中最具代表性、应用最广泛的是铝及铝合金加工材、铝及铝合金板、带、箔材。制造业中常用的轻金属见表1–2。

表1–2　制造业中常用的轻金属

分类名称		说明
纯金属		铝(Al)、镁(Mg)、钛(Ti)等
铝合金	压力加工用(变形用)	非热处理强化：防锈铝(Al–Mn合金、Al–Mg合金)
		热处理强化铝合金：硬铝(Al–Cu–Mg或Al–Cu–Mn合金)、锻铝(Al–Cu–Mg–Si合金)、超硬铝(Al–Cu–Mg–Zn合金)等
	铸造用	Al–Si合金、Al–Cu合金、Al–Mg合金、Al–Zn合金、Al–RE合金等
钛合金	压力加工用	T–Al–Mo合金、Ti–Al–V合金等
	铸造用	Ti–Al合金、Ti–Al–Mo合金、Ti–Al–V合金等
镁合金	压力加工用	Mg–Al合金、Mg–Mn合金、Mg–Zn合金等
	铸造用	Mg–Zn合金、Mg–Al合金、Mg–Al–Zn、Mg–RE合金等

1.2.2　轻金属及其合金的牌号

下面介绍一下轻金属及其合金的牌号。

1.2.2.1　纯金属加工产品

纯金属指的是提纯度高于一般工业生产用金属纯度的金属，再高于纯金属的纯度称为高纯金属。高纯金属主要用于研究和其他特殊用途，不同金属的高纯度成分标准是不同的。铝、镁、钛的纯金属加工产品分别用英文第一个字母A、M、T加顺序号表示。

1.2.2.2　合金加工产品

合金加工产品的代号，用汉语拼音字母、元素符号或汉语拼音字母及元素符号结合表示成分的数字组或顺序号表示。

（1）铝合金

以铝为基础，加入一种或几种其他元素(如Cu、Mg、Si、Mn等)构成的合金。由于纯铝强度低，应用受到限制，工业上多采用铝合金。铝合金密度小，有足够高的强度、塑性、耐蚀性好，大部分铝合金可以经过热处理得到强化。铝合金在航空航天、汽车、电子制造业中得到广泛应用。

根据GB/T 3190—1996和GB/T 16474—1996的规定，纯铝和变形铝及铝合金牌号表示方法采用四位字符体系。牌号的第一位数字表示铝及铝合金的组别，从1~7分别表示纯铝、以Cu、Mn、Si、Mg、Mg和Si(Mg_2Si相为强化相)、Zn为主要合金元素的铝合金，8表示以其他元素为主要合金元素的铝合金，9为备用合金组。牌号的第二位字母表示纯铝或铝合金的改型情况；最后两位数字用以标识同一组中不同的铝合金或表示铝的纯度。

在最初的铝及铝合金牌号中，纯铝合金用"L"加表示合金组别的汉语拼音字母及顺序号表示。例如，防锈铝的代号为LF、锻铝为LD、硬铝为LY、超硬铝为LC、特殊铝为LT、硬钎焊铝为LQ。

（2）钛合金

钛合金是以钛为基体加入其他元素组成的合金。钛及钛合金是20世纪50

年代发展起来的一种重要的轻结构金属，钛合金因具有比强度高、耐蚀性好、耐热性高等特点而被广泛用于各个领域。世界上许多国家都认识到钛合金材料的重要性，相继对其进行研究开发，并得到了实际应用。20世纪50—60年代，主要是发展航空发动机用的高温钛合金和飞机机体用的结构钛合金；20世纪70年代开发出一批耐蚀钛合金，20世纪80年代以后，耐蚀钛合金和高强钛合金得到进一步发展。钛合金主要用于制作飞机发动机压气机部件，其次为火箭、导弹和高速飞机的结构件。钛合金在造船、化工、医疗器械等方面也获得了应用。

（3）镁合金

以镁为基体的合金，常称为超轻质合金。镁合金近年来在工业(如航空航天、电子、通信仪表、汽车等行业)上的应用越来越多。镁合金具有密度很小(比铝轻1/3)、比强度高、能承受较大的冲击载荷、有良好的切削加工性等优点，获得应用并具有广泛的应用前景。根据加工方法的不同，镁合金分为变形镁合金(压力加工)和铸造镁合金两大类。

轻金属及其合金产品牌号的表示方法见表1-3。轻金属产品状态名称特性及其汉语拼音字母的代号见表1-4。

表1-3　轻金属及其合金产品牌号的表示方法

分类	牌号举例		牌号表示方法说明
	名称	代号	
铝及铝合金	纯铝	1060	1　A　99 ①　②　③ ①组别代号，1x x x为纯铝，2x x x~7x x x系列分别为以铜、锰、硅、镁、镁+硅、锌为主要合金元素的铝合金，8x x x和9x x x系列是其他合金元素为主要合金元素的铝合金和备用合金组 ②A表示原始纯铝，B-Y表示铝合金的改型情况 ③1x x x系列(纯铝)表示最低铝百分含量；2 x x x~8x x x系列用来区分同一组中不同的铝合金
	防锈铝合金	3A21 5A02	
	硬铝	2B12 2A16	
镁合金	变形镁合金	MB1 MB8-M MB15	MB　8　M ①　②　③ ①分类代号：M为纯镁；MB为变形镁合金 ②金属或合金的顺序号MBI5 ③状态代号，见表1-4

续表

分类	牌号举例		牌号表示方法说明
	名称	代号	
钛及钛合金	—	TA1-M, TA4	TA1 M ①② ③ ①分类代号，表示合金或合金组织类型：TA为 α 型 Ti合金；TB为 β 型Ti合金；TC为(α+β)型Ti合金 ②金属或合金的顺序号TC9 ③状态代号，见表1-4
		TB2	
		TC1，TC4	
		TC9	

表1-4 轻金属产品状态名称、特性及其汉语拼音字母的代号

名称	代号	名称	代号	名称	代号
①产品状态代号		②产品特性代号		③产品状态、特性代号组合举例	
热加工（如热轧、热挤）	R	优质表面	O	不包铝（热轧）	BR
退火	M	涂漆蒙皮板	Q	不包铝（退火）	BM
淬火	C	加厚包铝的	J	不包铝（淬火、冷作硬化）	BCY
淬火后冷轧（冷作硬化）	CY	不包铝的	B	不包铝（淬火、优质表面）	BCO
淬火（自然时效）	CZ	表面涂层	U	不包铝（淬火、冷作硬化、优质表面）	BCYO
淬火（人工时效）	CS	添加碳化钽	A	优质表面（退火）	MO
硬	Y	添加碳化铌	N	优质表面淬火、自然时效	CZO
3/4硬、1/2硬	Y_1、Y_2	细颗粒	X	优质表面淬火、人工时效	CSO
1/3硬	Y_3	粗颗粒	C	淬火后冷轧、人工时效	CYS
1/4硬	Y_4	超细颗粒	H	热加工、人工时效	RS
特硬	T	—	—	淬火、自然时效、冷作硬化、优质表面	CZYO

注：②产品特性代号中"硬质合金"为跨行分类。

1.2.2.3　铸造产品

GB/T 8063—94《铸造有色金属及其合金牌号表示方法》规定了采用化学元素符号和百分含量的表示方法。铸造有色金属牌号由"Z"和相应纯金属的化学元素符号及表明产品纯度百分含量的数字或用一短横加顺序号组成。如牌号ZA199.5,表示铸造纯铝,铝的最低名义百分含量为99.5%。

当合金元素多于两个时,合金牌号中应列出足以表明合金主要特性的元素符号及其名义百分含量的数字。合金化元素符号按其名义百分含量递减的次序排列,当百分含量相等时,按元素符号字母顺序排列。

1.2.3　轻金属的基本特性

轻金属包括铝、镁、锂、铍、铷、铯、钾、钠、钙、锶、钡、钛等比重在4.5以下的金属。其中最轻的金属是锂,比重为0.534;最重的是钛,比重为4.5。轻金属除了比重小以外,在其他物理化学性质方面也有许多相似之处。这些性质往往决定了从矿石中提取轻金属的方法。

轻金属的化学活性很大,所有轻金属与氧、卤素、硫及碳化合的亲和力很大,生成的化合物都非常稳定,因此在自然界中从未发现过以元素状态存在的轻金属。从化合物中提取轻金属要消耗大量能量,而且不容易得到纯金属。因此,这就给轻金属冶炼带来了许多困难。例如,用碳还原氧化铝需要2 000 ℃以上的高温,反应的一次产物是铝的碳氧化物Al_4O_4C,而不是金属铝,由铝的碳氧化物制取铝还是难以实现的。又如,用碳还原氧化镁时,不但需要很高温度,而且必须采取特殊措施,把反应产物镁蒸气和一氧化碳的混合物从高温迅速冷却至低温,才能得到纯度较高的镁粉,否则镁蒸气会与一氧化碳作用重新生成氧化镁。

轻金属的另一个重要性质是它们的负电性都很强,电解这些金属的盐类的水溶液不可能得到轻金属。在阴极上析出的只有氢气和该金属的氢氧化物,阳极析出的则是氧。所以只有电解含有相应轻金属离子而不含有游离氢离子的电解质,才能电解得到相应的轻金属,这样的电解质主要是熔盐。电解熔盐是现代工业上生产各种轻金属的主要方法。

1.3 轻金属材料的应用

1.3.1 铝及铝合金的应用

通常将质量分数不低于99.0%的铝称为工业纯铝，将质量分数大于99.70%的铝称为高纯铝。根据纯度的不同，高纯铝还可分为次超高纯铝、超高纯度铝和极高纯度铝。高纯铝可用来制造铝箔、电容片等，还可作为铝合金表面的包覆材料以及配制铝合金的原材料。铝的质量分数大于99.99%的高纯铝主要用于科学研究、化学工业及一些特殊场合。

轻金属在工业上具有重要的意义。由于铝具有许多优良的特性，故其在工业部门中有非常广泛的用途。宇宙飞船、飞机、船舶、火车、汽车及其他运输设备的制造，房屋、桥梁及构架建筑、电缆、电器、雷达各种轻、重型机械和精密仪表的制造，稀有金属冶炼等，都需要使用铝或铝合金。

铝合金与钢比较，具有很大的强度–质量比，在工业上获得广泛的应用。压延铝合金，如硬铝合金Al–Zn–Mg–Cu合金，Al–Mg–Si合金等，广泛用作结构合金材料。铸造铝合金，如Al–Si合金，不仅机械强度高，而且具有浇铸时流动性好，凝固时收缩率小等优异性能，故广泛用来制造汽车发动机。

铝用在电气工业上制造高压电线、导电板、电缆、电器及各种电工制品，可以显著地节省投资，因为铝的导电能力虽然只为铜的65%左右。但是按质量计算，铝比任何其他金属能够更好地导电。

铝还容易加工成薄板、铝箔、管、棒、线和型材，还能用一般的方法把铝切割、钻孔和焊接，节省投资和动力消耗。铝制轻工产品物美价廉。铝的导热性能好，广泛用来制造散热器、冷气设备、热交换器、电热器具和炊具等。

石油化工工业常用铝及铝合金制作各种耐腐蚀性的设备和储运用容器。同时，利用纯铝的耐腐蚀性良好这一性质，将铝包覆、喷镀、热镀在金属表面上，起到保护金属及装饰表面的作用。铝之所以具有良好的防腐性能，是由于铝表面在空气中生成一层致密坚硬的氧化铝薄膜，这层保护膜牢固地黏附在铝上，其厚度约为 2×10^{-5} cm。此外，还可用阳极氧化或电镀的方法，在铝材或铝制品表面进行氧化处理，可使铝表面具有更大的耐腐蚀性，同时涂上色彩鲜艳的氧化膜，这种经久耐用、吸音性能好又美观的着色铝材，已广泛用作建筑材料。

铝还具有良好的光和热的反射能力，表面抛光后，能制作质量高的反光镜，又能作保温材料。铝可反射出多达95%的热线，是太阳能装置的好材料。

此外，铝没有磁性，在精密仪器中不会产生干扰，影响其性能。铝没有毒性，适宜作包装、贮藏材料。铝在撞击情况下不产生火花，故在易燃、易爆的要害部门的某些重要机构和零件通常用铝制造。铝在低温下其强度和机械性能尚有提高，即使温度降低到-198 ℃，铝仍不变脆，故在低温工程方面具有特殊的用途。

铝粉用途也很广。粗铝粉是炼钢的脱氧剂，也是铝热法的主要原料。可用它还原铬、锰、钨、钡、钙、锂等难还原的金属。细铝粉主要用作颜料、焰火及泡沫铝等。

铝及铝合金便于回收及再生，废铝再熔时所用的能量仅为生产原铝的5%。现在德国、美国、日本等国家非常重视废铝的回收，这些国家的铝有四分之一是从废铝回收而得。

现在工业国家中铝的用途分配比例大致如下：建筑工业占25%，交通运输工业占20%，电力工业占15%，食品工业占15%，日用品工业占10%，机械工业占10%，其他占5%。

铝合金类别、牌号众多，选用时应注意以下几点：

（1）要求比强度高的结构件，如飞机骨架、蒙皮等，适合用铝合金制造，而一些承载大、受强烈磨损的结构件(如齿轮、轴等)，不宜用铝合金制造。

（2）铝合金的熔点一般只有600 ℃左右，流动性好，所以对于那些尺寸较大、形状复杂的构件可选用铸造铝合金制造。

（3）一些薄壁、形状复杂、尺寸精度高的零件，可用变形铝合金在常温或高温下挤压成形，充分发挥其塑性好的优点。

（4）铝合金具有导电、导热、耐蚀、减振等优点，可满足某些特殊需要，尤其是铝合金具有面心立方结构，不出现低温韧脆转变，故在0～–253 ℃范围内塑性不下降，冲击韧度不降低，因此也适合制造低温设备中的构件和紧固件等。

1.3.2　镁及镁合金的应用

镁在工业技术上同样是很重要的。镁的化学活性高，在自然界中只能见到镁的化合物。镁在空气中会逐渐氧化，失去银白色光泽，覆盖一层致密的氧化物薄膜，此膜具有保护镁不再被氧化的作用。镁的氧化将随着温度的升高和粉碎程度的增大而加快。镁粉和片状镁或熔化状态的镁易于燃烧。镁能溶解于任何无机酸中。近些年来，镁及其合金越来越广泛地应用于民用工业，促进了镁的生产和消费逐渐增长。镁合金具有良好的铸造性能，容易进行机械加工和焊接。由于镁具有比重小，能与其他金属构成高强度的合金等性质，因而在结构材料方面主要用于航空、宇宙工业，导弹、原子能工业以及汽车制造工业。

1.3.2.1　镁合金在交通工具领域中的应用

（1）镁合金在汽车上的应用

汽车工业发展程度是一个国家发达程度的重要标志之一，而金属材料是汽车工业发展的重要基础。出于节能与环保的要求，汽车设计专家们想方设法减轻汽车重量，以达到减少汽油消耗和废气排放量的双重效果。镁合金密度一般为1.3～1.9 t/m³。比铝合金轻30%～50%，比钢材轻70%以上，最轻的Mg-Li合金密度仅为0.95 t/m^3。因此，将镁合金用于汽车的轻量化，始终是汽车制造的一种持续追求，而且随着时间的推移，特别是各国资源、能源和环境意识的增强，以及镁合金应用技术的进步，对镁合金轻量化应用的信心日益高涨，镁合金的应用受到越来越多的重视。对于汽车而言，节能、环保、安全、舒适、智能和网络是汽车技术发展的总趋势，尤其是节能和环保更是关系人类可持续发展的重大问题。因此，尽量地应用镁合金，降低汽车燃油消耗，减少向大气排出有害气体及颗粒已成为汽车工程界主攻的方向。

大量采用铝合金材料是汽车轻量化的另一个发展方向。从1974年到2005年，北美铝合金材料在汽车上的应用平均翻了两倍多。最早是在动力系统的一些零件上应用，缸体、仪表盘、车门、座椅框架等。奥迪从A2起基本实现全铝车身，包括车体和外围构件。奔驰汽车、宝马汽车、美洲豹汽车等都大量采用了铝合金零件。宝马系列新的发动机还采用了镁、铝合金复合的曲轴箱体。

人们对汽车轻量化的要求并没有得到满足，要进一步减轻汽车质量，为此人们想到了镁，它的密度是铝的2/3，而性能与铝合金相近，这使得"以镁代铝""以镁代锌"和"以镁代钢"成为近年来的又一大趋势。正是这样，镁合金压铸件在汽车行业的推广应用，使过去曾经用量不大的镁合金再次成为汽车的新宠。镁合金是现有可以工业化生产金属材料中最轻的材料。它具有密度小，比刚度与比强度高，减震、屏蔽和导热性能优良，成形加工性好，易于回收等优点，被誉为"21世纪的一种绿色工程材料"。与欧洲一样，美国早在1921年就制造出了镁合金活塞，但当时由于价格昂贵，制造难度大而未投入应用。在新一轮的镁合金应用中，以美国、加拿大为代表的北美对镁合金在汽车上的应用开发更加重视，逐步发展成为全球汽车用镁量的最大地区，镁的用量达到了6万～7万t。

（2）镁合金在摩托车上的应用

镁合金用于摩托车与用于汽车的历史一样久远，起源于20世纪30年代的欧洲。欧洲人一贯崇尚运动，每年全欧洲的摩托车比赛多如牛毛。作为全球摩托车技术的领跑者，欧洲人始终追求超凡的驾驶体验，几乎是在摩托车诞生伊始，就尝试着用镁合金来制造摩托车的零部件。英国伯明翰轻武器工厂1938年制造的Venus(金星)摩托车，该车采用了镁合金变速箱壳；1939年英国

AJS公司推出的一款名为Supercharged V–4495CC(超级动力)的摩托车，其曲轴箱体采用镁合金制造。而镁合金仅限于定做摩托车赛车以及一些昂贵车型的状况一直持续到20世纪70年代后期才有所突破。1974年，美国胡斯卡瓦拉越野车公司生产的"MAG250"型摩托车，其气缸盖、进气口弹簧片阀门、前震动式摇摆臂等均采用镁合金制造；1976年产的日本川崎只定做了两辆用于大奖赛、全重仅75 kg的SR125型摩托车，所有镁合金制造的部件均采用砂型铸造成，包括发动机、前叉工字夹、油箱等。

除了变速箱壳体之外，20世纪出现的镁合金零部件还有轮毂、制动盘、离合器外壳、前叉等10余种零部件。这些镁合金零部件大多是厂家根据自己的型号生产，只有轮毂、前叉夹和制动盘实现了专业化的生产。其中，镁合金轮毂的产业化水平最引人注目。镁合金摩托车轮毂的专业制造商多达十几家，知名的有意大利的Marchesini公司和Marvic公司，英国的Dymag公司，美国的OZ公司，德国的PVM公司和Technomagnesio公司。其中，英国的Dymag公司制造的镁合金轮毂应用于全球13种著名品牌的摩托车，车型超过了400种。从20世纪80年代开始，摩托车部件的镁合金化速度不断增加，应用部件已经多达50余种，涵盖了发动机系统、传动系统、悬挂系统、框架和各种附件。应用厂家几乎遍及欧洲的所有摩托车生产厂商，包括意大利的Aprilia、Ducati、MotoGuzzi、Bimota、MV Agusta，英国的Triumph，德国的BMW，奥地利的KTM等顶级摩托车厂商。当然，如今早期的摩托车厂商几乎都已经销声匿迹，但这些摩托车产品成为了收藏品，取而代之的是对镁合金更大规模、更高层次的应用。其中，较有代表性的有Ducati749～999系列，其采用的镁合金部件包括轮毂、前叉夹、单侧摇臂、双侧摇臂、前灯总成、发电机盖、离合器边盖、凸轮箱盖、摇杆箱盖、引擎后盖、调速观察板盖、内汽缸盖、阀门盖、镜架和气帽等。

1.3.2.2 镁合金在航空航天领域中的应用

（1）镁合金在飞机上的应用

镁常用来与铝配成高强度的冷加工Al–Mg合金材料。配制镁合金不仅强度高，而且还能提高抗腐蚀能力。Al–Mg合金中添加铜，目的在于提高合金的机械强度，常用于飞机制造，但耐腐蚀性较差，需要表面涂层，保护其不被大气腐蚀。

（2）镁合金在航天器与导弹上的应用

如果说由于飞机的质量直接影响到它的机动性能和油耗，那么空间站和卫星的质量则决定了对运送工具的要求和运送的花费，因此航天材料的减少，对其经济性能有着更为重要的影响。作为一个量化的比喻，对于商用飞机、战斗机和航天器而言，材料每减少1磅所带来的经济收益分别为＄300、＄3 000和＄30 000。

美国"发现号"携带的卫星总质量680 kg，其中1／3使用的是镁-稀土(Mg–Th)合金；第一颗"Echo"卫星和通信卫星(Telstar)均用镁合金减轻卫星的质量；"探险者Ⅲ"号和"先锋Ⅴ"号卫星也都大量使用镁合金。"季斯卡维列尔"卫星中使用了675 kg的变形镁合金，直径约1 m的"维热尔"火箭壳体是用镁合金挤压管材制造的；"德热来奈"飞船的启动火箭"大力神"曾使用了600 kg的变形镁合金。日本用镁合金制造"罐式"卫星和空间站上的机器人等。

1.3.3　钛及钛合金的应用

钛合金是极其重要的轻质结构材料，它具有比强度高、耐蚀性强、高低温性能良好、弹性模量低等特点，在航空、航天、航海，以及化工医疗等领域有着非常重要的应用价值和广阔的应用前景。1948年杜邦公司首先开始商业化生产金属钛，并用于航空发动机、导弹、卫星的制造中，而后逐渐推广应用于化工、能源、冶金等领域。随着现代化装备的高性能化和轻量化制备的发展需求，世界各国越来越重视钛及钛合金的研发和推广应用。同时，钛在航空、航天及其他民用领域的生产制造水平和消费能力也在日益提升，但由于世界各地经济及工业水平存在差异，消费结构也有所不同。

1.3.3.1　工业纯钛的应用

工业纯钛的棒材、板材具有较高的强度，可直接用于飞机船舶、化工等行业，可以制造在500 ℃以下工作且强度要求不高的各种耐蚀零件，如热交换器、制盐厂的管道、石油工业中的阀门等。

1.3.3.2 钛合金在航空航天领域中的应用

随着现代航空工业的发展，对飞机的综合性能要求越来越高：既要求飞机具有良好的机动性能和更高的飞行速度，也要求飞机具有良好的稳定性和可靠性。高推重比航空发动机对先进战斗机机动性、短距起飞、超音速巡航等应用特性起到至关重要的影响。钛合金因其密度小、比强度高、耐高温等一系列优点，使它在高推重比航空发动机的研制和发展中变得越来越重要。自20世纪50年代开始，钛合金越来越多地应用于飞机横梁、蒙皮等整体结构件和发动机涡轮盘、叶片的设计和制造。

在此领域内，应用的出发点是基于钛及钛合金具有密度低、比强度高、耐热性能好、耐低温性能也好，并有优异的耐蚀性能等。为了适应航空等领域的应用，已研制出几十个牌号的钛合金，其中用量最大的为Ti-6Al-4V。

（1）航空工业

航空发动机是飞机的心脏。航空发动机构件的主要特点：一是使用温度高，要求材料的耐热性(高温持久强度、抗蠕变性、抗氧化性和阻燃性)好；二是转动部分(即盘件、叶片)要求断裂韧性和疲劳性能好，损伤容限高。

评价发动机性能优劣的一个重要指标是"推重比"，即发动机产生推力与自重之比。推重比越高，发动机性能越好；工作温度越高，发动机热效率越高。欲提高推重比，必须提高涡轮前进气的压缩比与进气温度；提高推重比也必须提高发动机材料的比强度和比刚度，减轻发动机自重。据计算，当压缩比达15时，压气机的出口温度就达590 ℃；当压缩比达到25时，压气机的出口温度达620～705 ℃。此时必须要选用耐热优异的钛合金，否则就不可能获得高推重比的发动机。

国外使用最多的耐热钛合金有IMI 834、Ti-1100、BT 35、Ti-6242S、Ti-6246、Ti-17、Ti-811和Alloy C(阻燃)钛合金，耐热温度达600～650 ℃以下。为制造推重比10以上的先进发动机，必须开发和使用钛基复合材料和以Ti_3Al、TiAl金属间化合物为基的钛合金。

同时必须要大量应用高温钛合金才能制造出高推重比的发动机。美国第三代战斗机(F—15、F—16)选用了推重比为8的F100—PW100燃气涡轮风扇发动机,用钛量为25%～30%。第四代战斗机F—22选用推重比为10的发动机,用钛量更多。故高推重比发动机中,钛合金的用量已占发动机总重的25%～40%。

航空发动机主要用钛部位是发动机的压气机部分,其中风扇、高压压气机盘件和叶片等为转动件。

如以V2500喷气发动机为例,它是英、日、美、德、意五国共同开发的双轴涡轮风扇发动机十分先进,推力113 kN、发动机自重2.2 t、总压缩比36.5,具有低油耗、低噪声的特点,可节油14%。

V2500发动机的用钛量达31%,最大的钛合金部件是风扇机,外形直径1 800 mm×1 150 mm,加工制成一整体,风扇盘、压气机盘、圆形护环、轴承支座、压气机叶片等都是钛合金。大都为Ti—6Al—4V合金,在高压气机的3～6级,因温度高采用了IM1550合金。空客A320和MD—90等民航机都选用了该种发动机。

国外常见的一些机型发动机用钛量分别为:波音747—400为4.89 t;波音767—400型为4.89 t;F—16型战斗机分别为2.86和2.36 t;B—1B轰炸机为1.95 t。

钛在飞机中的应用实例有:用作防火壁、发动机短舱和喷管、蒙皮、机架、纵梁、舱盖、龙骨、速动制动闸、紧固件、起落架梁(支承梁)、前机舱、拱形架、隔框盖板、襟翼滑轨、复板、路标灯、信号板、尾翼、机翼转轴、高压导管、接头、座舱窗框、吊舱挂架、安装支柱、机翼前缘、倍加器等。

从军用机用钛的统计表明,随着战斗机的升级换代后,提高飞行性能,飞机有一个明显的趋势是钛合金用量逐渐增加,它表明越先进的战斗机用钛量越大。

如美国第三代主力战斗机F—15,用钛量机身为23 t,发动机为4.5 t,总计为28 t,而用钛量占机重的27%。而第四代主力战斗机F—22,用钛量机身需36 t,发动机需5 t,总计为41 t,用钛量占机重的41%。由于美国每年生产大批战斗机,所以需要大量的钛材。

民航机也有相同的规律,飞机升级后用钛量逐渐增多。虽然民航机用钛量比例不高,最先进的飞机用钛量为9%。但民航机十分庞大,每架飞机用钛相当大。对于它们这些每年都要生产200～300架飞机的工厂而言，确实需要大量钛材。

需要说明的是，飞机用钛材成材率很低，实际需要外购的钛材原料是飞机用零件量的7倍。因此，实际需要外购钛材料数量是十分可观的。

目前商用客机中用钛量最多的是波音747-100，用钛量达每架38 t；运输机用钛量最大的是C-1B，用钛量每架34.5 t；轰炸机用钛量最大的是B-1B，用钛量每架90.5 t。

所用的钛材品种，F-22主要是Ti-6Al-4V EL1和Ti-62222，B-777共用了Ti-1023、Ti-64EL1、Ti-15-3、β-21S和Ti-6242五种。

我国国产机歼8Ⅱ型机上用钛量约4%，歼10机上使用了更多的钛材。使用的钛材品种有TA2、TA3、TC1、TC4、Ti-1023、Ti-15-3等。

（2）航天工程

几十年来，航天技术不断发展，出现了许多飞行器，如洲际导弹、卫星运载火箭、宇宙飞船、空间站和航天飞机等。航天技术的发展与新材料技术的发展密切相关。金属钛是重要的航天结构材料之一，钛在各种航天飞行器中都获得了重要的应用。

①运载火箭。运载火箭是发射洲际导弹、人造卫星和宇宙飞船的工具。火箭的性能常用质量比(即推进器质量与火箭总质量之比)来表征。这个比值越大，火箭的性能就越好。这意味着要尽可能减少火箭的质量。因此，火箭必须要采用钛合金一类质轻高比强材料。

当然，火箭对钛的要求还有材料的延性、韧性、刚性和缺口敏感性诸方面。对于火箭发动机的某些部位(如喷嘴周围)需要良好的耐热性，在超低温液态燃料(液氢、液氧)容器需要超低温强度和韧性的材料，这些都是必须选用钛材的决定性因素，这也是航天工程中钛获得广泛应用的原因。

现在在火箭上的应用实例有：用Ti-6Al-4V做一级火箭发动机壳体和洲际导弹球形或椭圆形发动机壳体；用Ti-6Al-4V和Ti-5Al-2.5Sn在大力神导弹上做超低温的氦容器；"能源"号火箭上还使用了BT23合金加工成的大型锻件和模锻件，还使用了BTS-1、BT6和BT23合金的焊接球罐和管结构件；用TAC-1型Ti，m基合金(国产)作火箭发动机的涡轮壳体；用CT-20(国产)加工管材用作高压补燃大推力氢氧发动机氢管路系统。

②卫星。为减轻卫星的结构质量，增加有效负荷，提高功能比，要求结构材料必须具有高的比强度，所以选用了钛合金。而且，钛在卫星工程中成为必不可少的材料，用途越来越广泛。

钛在卫星中的应用可以收到明显的经济效益。卫星每减重1 kg，可减少10 kN推力，可节省20多万美元的发射费用。而通信卫星每减少10 kN推力，可创效益400万美元。

在卫星上钛材应用实例有：在卫星结构中采用TB2高强度钛合金制成大口径双波纹壳结构和远地点发动机支架；用TB2高强钛合金制作星箭连接色带(卫星和火箭连接装置)；采用TB2、TB3钛合金制作螺栓等紧固件及钛合金回收舱端框。

在卫星控制系统中有：用TA7制作储高压气体用容器；用钛合金管材作执行机构用管路；用钛-不锈钢复合材料制作大容量通信卫星控制系统自锁阀；用Ti53311S和7715D合金(能耐550 ℃高温)制作姿态控制发动机的喷注器。

还有用钛合金制作卫星共底表面张力燃料储箱；用ZTC4钛合金铸件制作资源卫星摄像机的镜头框架、镜筒和镜座；选用TiNi形状记忆合金制作卫星上温控系统散热片。

③航天飞机。航天飞机是可以重复使用的载人航天飞行器，具有火箭和飞机两方面功能。它是一个非常庞大而复杂的系统，不仅体积大，而且质量也大。如"哥伦比亚"航天飞机重68.8 t，总系统高65.1 m，总重2 020 t。为了达到飞行时有效载荷最大化，常选用钛合金作为它的重要构件。

在航天飞机上使用钛材的部位主要有：选用Ti-6Al-4V制造的高压容器及机翼的前缘部和一套固定翼的夹具机构；用Ti-3Al-2.5V制作的油压配管；用Ti-6Al-4V制造的发动机推力支架等。

1.3.3.3　钛合金在汽车和建筑领域中的应用

钛及钛合金具有密度小、比强度高、耐热性能好和耐低温的性能好(能抗冻)、耐蚀性能好，它的弹性模量小(弹性好，适宜做汽车弹簧)等一系列优异特性，而且它还具有良好的装饰性，它既有良好的自然色——银白色，还可镀装出各种鲜艳的色彩来，可美化汽车和建筑物。这些都表明钛和钛合金非常适宜做汽车和建筑工业的结构材料，这也是钛应用的新市场。

（1）汽车工业

随着国际上汽车工业的发展，中国现在已成为一个生产和消费汽车大国。目前年产汽车700万辆，汽车已成为国民经济支柱产业，但随之带来了城市污染的烦恼。研究表明，汽车轻量化是实现节油、减污的有效措施。轿车每减重10%，可节油和减少废气排放量各约10%，故世界各国都在研究轻量化问题。为达到此目的，必须使用轻质高比强度的新型材料——钛复合材料。但是，目前因为价格障碍使钛在汽车工业的应用滞缓，处于初期开发阶段。

目前，已有厂商开始在赛车和高级轿车上试用钛零件，如赛车的气门座，轿车的阀类和连杆、消音器、尾气管系统、弹簧、进气阀、排气阀等，都采用各种钛合金。汽车工业是潜在的钛应用的大市场。

（2）建筑工程

钛是一种新型的高档建筑材料，很受用户青睐，质轻又不用涂层，不老化，不用维修。由于钛的价格障碍，目前，钛主要用于对装饰要求高的高档建筑、纪念性和标志性建筑，并用作这些建筑的幕墙、屋顶、土檐等外观装饰材料及栏杆、管道等，也有用作雕塑艺术品、纪念碑的材料。使用材质大多为纯钛，常用0.2~1.0 mm厚的钛板加工而成。

建筑用钛最有名的实例是：中国国家大剧院屋顶(用钛60 t，用钛板30 000 m^2)、日本福冈运动场屋顶(用钛120 t，用钛板0.3 mm × 260 mm × 4 000 mm 5万张)、中国杭州大剧院屋顶(用钛160 t，用钛板6 000张)。

1.3.3.4 钛合金在医疗领域中的应用

工业纯钛的密度为4.51 g/cm^3，与人骨接近(HA的理论密度为3.16 g/cm^3，六方晶系)。钛具有良好的塑性（延长率可达43%），其弹性模量为110 GPa，强度为390~680 MPa，高于HA陶瓷(强度为30~300 MPa)。钛的毒性为零级，具有良好的骨诱导性能，因而具有优异的生物相容性，可用作人体植入材料。与传统的硬组织植入材料相比，钛材由于具有理想的生物相容性、优异的耐腐蚀性能、高的疲劳强度、低弹性模量，有望成为长效或永久植入人体最理想的金属生物材料[①]。

钛-镍(Ti-Ni)形状记忆合金具有优异的记忆性能和超弹性，无毒性，是一种理想的生物功能材料，它在医疗界有广泛的应用。在口腔科有牙齿矫形丝、颌面骨折锔钉、牙冠、种植牙体等；在骨科有脊柱矫形棒、颈椎人工关节、人工股骨头双杯、加压骑缝钉、聚膑器、人工髋关节、弧叉钉、弓形器、飞艇器等；在心血管科有栓塞器、血管扩张内支架；钛内支架还用于前列腺尿道扩张、前列腺增生、气管狭窄、食道狭窄、胆道狭窄等。

多孔低模量Ti-Nb-Ta-Zr钛合金含无毒元素，且具有优良的生物相容性、强度高、塑性显著等优点，成为目前生物医用植入材料的研究热点。为了提高植入体的骨整合能力，使其与宿主骨实现生物固定，李伯琼等采用添加造孔剂的粉末冶金工艺制备基体为β相、含少量第二相的多孔Ti-Nb-Ta-Zr合金。结果表明：随烧结温度的升高和时间的延长，多孔Ti-Nb-Ta-Zr合金的致密度及结合强度增大，但当烧结温度超过1 200 ℃或时间超过2 h，其压缩弹性模量及屈服强度均下降，这与合金中晶体生长程度及第二相的组成及分布有关。多孔TNTZ合金的压缩断口主要由解理面、棱锥形穿晶断裂面和大量韧窝组成，表明其具有较好的塑性[②]。

李伯琼等采用传统粉末冶金法制备Ti-35Nb-7Zr-5Ta合金，结合显微硬度分布，根据均匀性指数和硬度变化系数分析相分布均匀程度，开展烧结工艺对钛合金微观结构与力学性能的影响研究。结果表明：随烧结温度的提高和烧结时间的延长，基体小孔隙尺寸逐渐减小并消失，相组成及分布发生了相应的变化，Ti-35Nb-7Zr-5Ta合金压缩弹性模量为$(4.77 \pm 0.48) \sim (7.4 \pm 0.81)$ GPa，先增大后减小，接近松质骨弹性模量。在模拟体液环境下，烧结态Ti-35Nb-7Zr-5Ta合金阻抗谱呈现半容抗弧特征，相位角在较宽的频域$10^{-1} \sim 10^2$ Hz 存在峰值，表现出较高的耐蚀性能，为医用钛合金的生物力学

---

① 李伯琼.多孔钛的微观结构与性能研究[D].大连：大连交通大学，2011.

② 李伯琼，谢瑞珍，温凯，等.烧结工艺对多孔TNTZ合金压缩行为的影响[J].粉末冶金工业，2021，31(4):59-65.

性能研究提供理论基础①。

钛制手术器械有：手术钳、手术刀、手术镊子、胸腔扩大器、缝合针、缝合手术线等。

钛在辅助医疗设备中的应用有：氧气过滤器、氧合器和水过滤器中使用了多孔钛过滤元件。

1.3.4 其他轻金属的应用

锂在冶金工业中用于制取锂铝、锂镁等机械性能好，抗腐蚀能力强的轻合金，它有抵抗高速粒子穿透能力强的特点，通常用作卫星、宇宙飞船、飞机等的结构材料。钙、钡等其他轻金属在现代工业技术上都有一定用途，例如，在真空电器工业上，用钙钡作气体吸收剂，能获得高度真空。铅钡合金是一种耐磨合金，用于化工和印刷工业。

综上所述，轻金属及其合金具有极其优异的性能，过去由于工业技术比较落后，轻金属及其合金应用不广泛，有的局限于军事工业的需要。近十几年来，工业技术发展迅速，开发了具有高强度、化学稳定性大和耐腐蚀性强的轻金属合金。在这方面取得了巨大成就，从而促进了铝、镁等在民用工业中的广泛应用，而且其应用范围不断在扩大。

① 李伯琼，谢瑞珍，李春林.烧结工艺对医用Ti-Nb-Ta-Zr合金微观结构及性能的影响[J].粉末冶金工业，2020，30(3):58-63.

1.4 我国轻金属材料研究存在的问题及发展对策

与先进国家相比，我国在轻合金研究、开发和应用等方面还存在很大差距，主要表现在以下方面。

（1）原材料质量低，冶金质量不稳定；合金品种少，规格不全。

（2）材料水平较低，实际应用量少，应用范围较窄。例如，虽然我国是镁资源大国，但高附加值终端产品开发应用远远落后于发达国家，目前只有上海桑塔纳变速箱壳体使用镁压铸件，年用量不足400 t；国外600 ℃高温钛合金，强度级别为1 300 MPa的超高强度钛合金及阻燃钛合金等已进入应用阶段，而我国仍处在研究阶段。

（3）产业化水平低，与轻合金应用相关配套的技术研究进展缓慢，进入工程化尤其困难。往往研制期间的质量可以达到国外同类材料的水平，但转入批量生产的质量就不稳定。很多研制项目在实验条件下研究成功后，就束之高阁，而不再进行中试及工业应用试验。

（4）企业的规模经济效益低，不良品损失高，能耗物耗高，产品成本居高不下，缺乏竞争能力。全世界轻合金材料的发展态势表明，21世纪初轻合金材料的发展及其产业化将在更广泛、更高层次上取得新的重大突破，并将对一个国家的经济实力和综合国力产生日益深刻的影响。为使我国的轻合金研究、开发和应用等方面的水平尽快赶上世界先进水平，努力使轻合金材料服务于国防和民用领域，特作以下建议。

①尽快将"轻合金研究、开发和应用"作为国家重大科技攻关项目列入计划，加大投入力度，给予重点支持。

②在项目的目标和内容设置上，要突出重点，提倡基础研究与科技开发相结合，以产业化发展为主要目标，同时开展相关的配套技术研究，重点突破或完善有关工艺技术，使基础研究的成果能真正转化为生产力。例如，对镁合金可以选择镁行业最为活跃的压铸领域，以汽车、电子、通信等领域典型产品为切入点，突破镁合金产品开发与生产过程中的熔铸、成型、表面处理和废品回收等关键技术。

③建设规模较大、现代化的原材料生产基地，整顿国内小冶炼厂、小加工厂，以提高资源利用率，减少环境污染，保证产品质量，并消除无序竞争。

④充分发挥传统材料的应用潜力，完善、改进已经研制的新材料，探索和研究综合性能更好的新型材料，提倡独创性和自主性，努力形成适合我国国情的轻合金材料体系。

⑤充分利用现有优势力量与设施(如国家重点实验室、工程研究中心等)，促进国内高校、研究机构开展跨部门、跨地区、跨学科的联合。开展深入的研究与应用前期开发工作，培养、锻炼一支高水平精干队伍。针对所需要解决的问题，向全国招标，做出具有自主知识产权的创新成果。

第2章　铝及其合金

铝（Al）是地壳中分布最广、储量最多的金属元素之一。由于具有一系列优异特性，铝及铝合金发展速度非常快，并成为发展国民经济与提高人们物质生活和文化生活水平的重要基础材料。学习和研究铝及铝合金的结构与性能，对于提高铝及铝合金加工材质量，充分发挥铝及铝合金材料在航天、航空、兵器、交通、建筑、电子、包装等工业的应用，具有十分重要的意义。

2.1　铝及其结构

2.1.1　铝的概念

铝（Aluminium，由古罗马语Alumen明矾衍生而来），化学符号为Al。

铝是元素周期表中第三周期主族元素，原子序数为13，相对原子质量为26.981 5。常见化合价为+3。纯铝是一种具有面心立方晶格的金属，无同素异构转变。

铝作为化学元素是丹麦人奥斯忒（H.C.Oersted）于1825年发现的。自1886年美国人霍尔（C.M. Hall）与法国人埃鲁（P.L. Heroult）发明铝的电解法以来，全世界铝的产量开始迅速增加。铝具有工业生产规模仅仅是20世纪初才开始的，但发展迅速。铝由于质量轻、性能好，用途广泛，有"万能金属"之誉。目前，在所有金属材料品种中，铝的产量仅次于钢铁，跃居有色金属的首位。铝能得到广泛应用的主要原因，首先是铝矿中的铝含量比其他有色金属矿石中的金属含量高，且铝矿储量较丰富；其次是铝的价格在常用有色金属中按体积计是比较便宜的。

工业纯铝产品目前在国际上尚无严格的分类标准，一般分为冶炼产品（铝锭）及压力加产品两种。根据铝锭的主成分含量可分成如下三类：

（1）工业纯铝（Al 98.0%~99.7%），也称为电解铝或原铝；

（2）工业高纯铝（Al 99.85%~99.90%）；

（3）高级纯铝（Al 99.93%~99.999%）。

按照目前国内外工业纯铝的标准范围，又可分为三类：

（1）原铝（Al 99.50%~99.8%）；

（2）精铝（Al 99.90%~99.998%）；

（3）高纯铝（Al 99.999%~99.999 99%）。

铝中所含的杂质含量主要对纯铝的电导率、电阻率和热导率等特性的影响较大，同时对铝的力学性能和加工性能也有一定的影响。

按照铝的市场产品形态一般可分成如下四类。

（1）重熔铝锭：重熔用普通铝锭、重熔用精铝锭、板锭、圆锭、合金锭等；

（2）加工材：如板、带、箔、管、棒、锻件、粉末等；

（3）铸造铝合金：如铸造铝基合金、盘条、线杆、电缆等；

（4）各类铝制品：日常生活中的各类铝制品等。

2.1.2 铝的资源

在地壳中铝的含量仅次于氧和硅，居第三位，丰度为8.21%。铝是地壳中是分布最广、储量最多的一种金属元素，居四大金属元素铝、铁（5.1%）、镁（2.1%）、钛（0.6%）之首，比铁、镁和钛的总和还多。铝通常以化合状态存在。据报道，地球上的某些石英矿脉中以及月球土壤中含有少量自然铝。

目前在地壳中已知的含铝矿物有250多种，以铝硅酸盐及其风化物最常见。其中常见的矿物约43种，并且多以氧化物、氢氧化物和含氧的铝硅酸盐形式存在，极少发现铝的自然金属。

铝土矿是世界上最重要的铝矿资源，其次是明矾石、霞石、黏土等。铝土矿的主要成分为氧化铝水化合物，按矿物形态分为三水铝石型、一水软铝石型（又称软水铝石）、一水硬铝石型（又称硬水铝石）、混合型石型。全世界已探明的铝土矿的工业储量约为25 Gt，远景储量为35 Gt。衡量铝土矿优劣的主要指标之一是铝土矿中氧化铝含量和氧化硅含量的比值，俗称铝硅比。

铝土矿的矿床类型主要为古风化壳型矿床和红土型铝土矿床，以前者最为重要。古风化壳型铝土矿又可分贵州修文式、遵义式、广西平果式和河南新安式4个亚类。从成矿时代来看，古风化壳铝土矿主要产于石炭纪和二叠纪地层之中，为一水型铝土矿。红土型铝土矿矿床只有一个亚类，称漳浦式红土型铝土矿床，如福建漳浦式红土型铝土矿，是第三纪到第四纪玄武岩经过近代（第四纪）风化作用形成的残积红土型铝矿床，为三水型铝土矿。漳浦式红土型铝土矿床储量很少，仅占中国铝土矿总储量的1.17%。

目前我国利用的主要是沉积型铝土矿。沉积型储量占92%，适于坑采的占45%，完全露采的占24%，露采与坑采结合的占30%。坑采成本较高，达到0.1 Gt的矿床很少。到目前为止，我国可用于氧化铝生产的铝土矿资源全部为一水硬铝石型铝土矿，一水硬铝石储量占98%，其中铝硅值为7的占33%，铝硅值为4~7的占60%，铝硅值为小于4的占7.42%，全国平均值为5.5。

2.2 铝及其合金的性能

2.2.1 铝的一般特性

铝是一种具有银白色金属光泽的金属，具有很多可贵的性质，如相对密度小（2.72）、熔点低（660.4 ℃）、沸点高（2 477 ℃），因此，在国民经济各部门得到广泛的应用。工业上使用的纯铝，其纯度（质量分数）为99.7%~98%，它具有以下的性能特点。

2.2.1.1 密度小

在室温时，纯度为99.75%的铝，密度为2.703×10^3 kg/m^3；铝合金的密度与合金元素的种类和含量有关，其值为$2.63 \times 10^3 \sim 2.85 \times 10^3$ kg/m^3，仅为钢密度的35%左右。

2.2.1.2 良好的导电性和导热性

纯铝具有良好的导电性和导热性，其导电性仅次于银、铜、金。因此，可用来制造电线、电缆等各种导电材料和各种散热器等导热元件。

铝的导电性和导热性仅次于银和铜，约相当于铜的50%以上。随着铝中杂质元素含量的增加，其导电性和导热性降低；以铜为标准，纯度为99.97%的铝，电导率为铜的65.4%，而纯度为99.5%的铝，电导率为铜的62.5%。等质量的铝导热量是铁的12倍，铜的2倍。

2.2.1.3 良好的耐蚀性

铝是比较活泼的金属，在空气中极易氧化，与氧作用生成一层致密而坚固的Al_2O_3氧化膜。Al_2O_3的熔点约为2 010~2 050 ℃，铝表面生成的这层氧化膜可以防止氧与内部金属基体的作用，对于处在固态和液态的铝均有良好的保护作用。因此，铝及某些铝合金在淡水、海水、浓硝酸、各种硝酸盐、汽油等以及各种有机物中都具有足够的耐腐蚀性。但在碱和盐的水溶液中，表面的氧化膜易破坏，使铝很快被腐蚀。应当指出的是，纯铝的抗蚀性与铝的纯度有关，通过试验表明，铝的纯度越高，其耐腐蚀性越好。

2.2.1.4　表面处理性能良好

铝具有良好的表面处理性能。通过阳极氧化处理可在铝材表面形成一层透明的氧化膜，并可着各种颜色，使之美观耐用。另外，添加铁、硅、锰等元素可以形成自然色调，因此，铝材在民用建筑部门和家庭用品中得到了广泛的应用，最常见的有银白色和古铜色门窗、玻璃幕墙材料、建筑用壁板、装饰板及室内装修材料、器具装饰、装饰品和标牌等。

2.2.1.5　基本无毒性

铝本身没有毒性，与大多数食品接触时，溶出量很微小，同时由于表面光滑，容易清洗，故细菌不易停留繁殖，因此，适于制作食具、食品包装、鱼罐、鱼仓、医疗器械、食品容器等。但现代医学证实，铝对人体是一种有轻微毒性的元素，特别对神经系统有一定危害。因此，应控制食品与饮料用包装铝材中的有毒元素含量，要求：$\omega(As) \leqslant 0.015\%$，$\omega(Pb) \leqslant 0.15\%$，$\omega(In) \leqslant 0.3\%$。

2.2.1.6　良好的力学性能

铝及铝合金的常规力学性能随合金种类与状态的不同而不同，其 R_m 可在50~800 MPa，$R_{p0.2}$ 可在10~700 MPa，A 可在2%~50%变化，主要结构材料的刚性大致与密度成比例，而与合金成分和状态关系不大。铝材的弹性模量变化范围较窄，大致为 $(7~8) \times 10^4$ MPa，在刚性相同情况下，铝材的厚度应为钢材的1.44倍，而相同刚性的铝零件质量比钢的质量轻50%左右。

2.2.1.7　优良的铸造性能

纯铝具有一系列优良的工艺性能，易于铸造，易于切削，也易于通过压力加工制成各种规格的半成品。

由于铝的铸造性能良好，可用多种方法铸成精密铸件和精密压铸件以及日常用品等，也可与多种金属元素熔铸成各种铝合金铸锭，然后用压力加工方法制成各种高强度铝合金零件。铝的熔化温度为660 ℃，因此废料易于回收。

2.2.1.8   良好的塑性和加工性能

铝属于面心立方晶格。铝及其合金可塑性较好，能进行各种形式的压力加工，可以压成薄板和箔，拉成铝丝和挤压成复杂形状的型材供各个工业部门使用。虽然纯铝具有很好的塑性，但强度较低（σ_b=80~100 MPa）。通过冷加变形虽可使强度提高，但塑性降低。铝及其合金易切削加工，黏合、焊合性能也很好，具有极大的深加工潜力。

2.2.1.9   其他性能

铝是非磁体，对声音是非传播体，对红外线、紫外线、可见光、激光、电波等的反射率高。铝撞击时不会发生火花，冲击吸收性能强，所以某些铝合金材料可作为矿井下的防爆材料。此外，铝材还具有一定的抗核辐射性、高温性能、低温性能、成型性能、切削性能和焊接性能等，为铝材的应用扩大了范围。

2.2.2   铝合金的性能

铝合金强度与钢相近，是一种优秀的建筑材料。概括地说，铝合金作为结构材料的优势体现在以下几个方面。

2.2.2.1   高强重比

铝合金的密度大约为钢材的1/3，具有相当高的强度，强度与普通钢材接近。因此，铝合金在结构中的应用可以很大程度地减轻结构的自重，同时减少了制作、运输及安装的成本和费用。

铝合金比强度（强度与密度的比值）可与优质合金钢相比。例如，常用的2A12合金在淬火时效状态的比强度为17.4，合金结构钢40Cr的比强度为12.8。也就是说，在制件质量相同的情况下，2A12合金比铬钢能承受更大负荷。因此，铝及铝合金成为重要的轻型结构材料，主要用于航空工业部门，可以说铝合金材料的发展与航空工业是密切相关的。据资料介绍，一架超音速飞机所用的材料中70%是铝合金，而导弹的用铝量占其总量的10%~50%。

2.2.2.2　易于挤压成型

铝合金的熔点很低，易于挤压。挤压型材可以通过模具推挤材料形成，几乎可以生产出各种形状的横截面。铝合金型材并不是通过这种方法制作的唯一金属材料构件，但它却是最普遍且最容易被挤压成型的。这是铝合金材料优于钢材的主要优点之一。

2.2.2.3　抗腐蚀性

在空气中，铝合金表面能迅速形成高度抗氧化膜。即使是在恶劣环境中，这种氧化膜也能为铝合金提供良好的抗腐蚀性。例如，铝合金桥的面板不需要油漆，只需要最低的保养费用，并且比钢筋或混凝土更适于使用除冰的化学物质。

铝合金的抗蚀性随合金元素不同而异。一般来说，Al–Mg系铝合金的抗蚀性较好，大多数成分较复杂的铝合金的抗蚀性不如Al–Mg系铝合金，有些合金制品要包铝，以提高其抗蚀性。

2.2.2.4　耐低温

在较低温度下，铝合金仍能保持较高的强度。虽然大多数金属材料在低温下容易失去强度，但是铝合金在低温下的强度及韧性会增加。这一特点也使铝合金成为在低温环境下桥梁和公路结构最理想的材料。

2.2.2.5　良好的力学性能

高强度铝合金的力学性能优于普通钢，可与特殊钢媲美。在特殊的热处理状态下，铝合金有较好的抗疲劳强度和断裂韧性。力学性能良好的铝合金适用于飞机、机器、桥梁（吊桥、可动桥等）、压力容器、建筑结构、自行车车身、汽车保险杠和车身板、底盘大梁、消防车云梯、升降台支架、跳水板、跳高撑杆、球拍框架、三脚架、发动机转子以及其他受力结构件。

2.2.2.6 其他

铝合金同样具有良好的表面处理性能。铝材表面经过特殊的改性处理，可具有某种特殊性能而成为功能膜材料，如可选择性地吸收太阳光，提高吸收太阳能效益的太阳能铝材；计算机磁盘膜片；电/色转换膜；绝缘膜；电致发光元件；亲水性膜和润滑膜等。此外，还可以通过化学处理、涂油漆、电泳涂漆等特殊表面处理，使铝材获得各种所需的性能。

尽管前面讨论了铝合金的优点，但是结构用铝合金依然存在一些缺陷。比如，铝合金的弹性模量（$E=70\ \text{GPa}$）只有碳素钢（$E \approx 200\ \text{GPa}$）的三分之一，这导致铝合金构件容易发生屈曲破坏。另外，高热膨胀系数与低熔点固然使得铝合金易于挤压，但同时使铝材面临热影响区软化的问题。当对热处理铝合金进行焊接时，焊接产生的热量会大大地降低其局部区域的强度，这就是热影响区软化。

一般来说，热影响区的范围大概在焊缝两侧的76.2 mm以内，在焊缝两侧25.4 mm内影响最大。对于6000牌号的铝合金，焊接时产生的热量会使局部位置的母材强度减少将近一半（Mazzolani，1995）。

2.3 铝合金材料和结构

铝是地球上含量较高的元素，但是铝的活性较强，一般以氧化物的形式存在。当人类不具备成熟、经济的将铝氧化物分解的能力时，铝是与银类似的贵金属材料。铝合金的现代商业用途起源于1886年，归功于一位法国人Paul Louis Touissant Heroult和一位美国人Charles M.Hall。单纯的铝是一种强度相对低的金属，难以直接应用于工业。通过添加少量的其他元素，铝可以转变成为铝合金,从而提高它的力学特性,满足应用需求。

基于其优异性能,铝合金的工业需求一直处于快速增长状态,全球铝需求量已经从2006年的3.45×10^7 t增长至2015年的5.77×10^7 t,其主要供应商分布在中国、俄罗斯、美国、日本、加拿大和澳大利亚等国。当前美国《铝合金设计手册》规定的铝合金类型多达上千种,并根据原材料和生产工艺进行分类,广泛地应用于航空工业、电力系统(如高压电塔,见图2-1)、铁路行业和航运业。其中适用于土木工程的主要是T5和T6系列的铝合金,其价格大概是相同质量不锈钢的一半。铝合金结构是采用铝合金材料制造而成的结构,其基本构件的力学性能有很多在形式上与钢结构相似,因此在现代结构设计中得到了越来越广泛的应用。

图2-1 高压电塔

金属铝在1886年成为了一种工业材料,之后在1897年被应用到罗马San Gioacchina教堂的金属板圆顶屋面上。而铝合金的最早应用是在20世纪50年代的欧洲。从那时起,特别是在过去的20多年中,铝合金构件被越来越广泛地应用于各种工程中,如建筑物的幕墙、屋顶系统、空间结构、移动桥梁以及位于潮湿环境的结构。类似应用的例子遍布世界各地,如世界上第一座铝合金桥梁——加拿大Arvida铝合金桥和英国利物浦南车站。卡塔尔的Tornado

塔使用了450 t的铝合金，并在2009年赢得了中东和非洲的"最佳高楼"奖。
我国对铝合金结构的研究和应用起步较晚，但发展迅猛。2007年建设部出版
了第一部《铝合金结构设计规范》（GB 50429—2007），2013年建成了世界最
大铝合金结构工程——重庆国际博览中心，该建筑东西宽约800 m、南北长
1 500 m，占地面积1.3 km³。近年来，铝合金模板也在钢筋混凝土结构施工
中得到了较为广泛的应用。

　　总体而言，铝合金最突出的优点之一是可以通过挤压成型工艺，迅速、
经济地将铝合金加工成各种复杂截面，从而为建筑提供灵活、优异的结构形
式。此外，铝合金耐腐蚀性能好，一般经过表面阳极处理即可达到建筑防腐
要求。在酸性环境下，硫化氢及硫醇都不会对铝合金造成损害，因此，铝合
金非常适合在高温高湿、杆件外露、海边及重度污染的环境下使用，是绿色
建筑材料的理想选择。

2.4　铝合金的分类及合金化原理

　　纯铝中加入合金元素配制成的铝合金，不仅能保持铝的基本特性，而且
由于合金化，可改变其组织结构与性能，使之适宜于制作各种机器结构零
件。经常加入的合金元素有铜、锌、镁、硅、锰及稀土元素等。

2.4.1　铝合金的分类及其性能

　　由于纯铝的性能在大多数情况下不能满足使用要求，在纯铝中添加各种
合金元素，能够生产出满足各种性能和用途的铝合金。铝合金的种类很多，
根据生产方式不同，可分为铸造铝合金和变形铝合金两大类，具体如图2-2

所示。

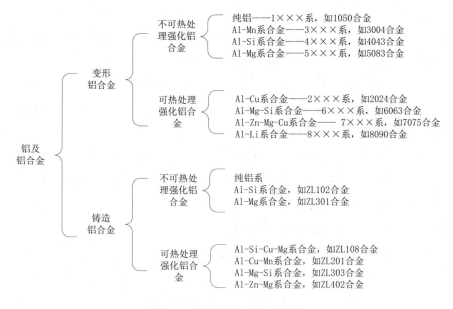

图2-2　铝及铝合金的分类图

　　一般来说，铸造铝合金中合金元素的含量较高，具有较多的共晶体，有较好的铸造性能，但塑性低，不宜进行压力加工而用于铸造零件，故称之为铸造铝合金。变形铝合金塑性好，可用压力加工方法制成各种形式的半成品。应当指出，铸造铝合金和变形铝合金之间的界限并不十分严格，有些铸造铝合金也可以进行压力加工，一些铝-硅系合金就可以轧成板材使用。

2.4.1.1　变形铝合金

变形铝合金的分类方法很多，通常按以下三种方法进行分类：

按合金中所含主要元素，分为：工业纯铝（1×××系），Al-Cu合金（2×××系），Al-Mn合金（3×××系），Al-Si合金（4×××系），Al-Mg合金（5×××系），Al-Mg-Si合金（6×××系），Al-Zn-Mg-Cu合金（7×××系），备用合金组（8×××系）。

按合金状态及热处理特点，分为：可热处理强化铝合金，不可热处理强化铝合金。可热处理强化铝合金，随温度的降低，合金元素溶解度越来越小，因而有热处理强化的可能，包括Al–Cu、Al–Mg–Si、Al–Zn–Mg–Cu系合金等；不可热处理强化铝合金，不论温度如何变化，合金的组织不发生变化，此类合金能承受冷冲压，并有较高的耐腐蚀性，可用冷加工硬化方式提高强度，包括纯铝、Al–Mn、Al–Mg和Al–Si系合金。

按合金性能和用途，分为：工业纯铝，防锈铝合金，硬铝合金，超硬铝合金，锻铝合金和特殊铝合金或低强度铝合金，中强度铝合金，高强度铝合金，超高强度铝合金等。

这三种分类方法各有特点，有时相互交叉，相互补充。在工业生产中，大多数国家按第一种方法，即按合金所含主要元素成分的4位数码法分类。这种分类方法能较本质地反映合金的基本性能，也便于编码、记忆和计算机管理。我国目前也采用4位数码法分类。

（1）1×××系铝合金（工业纯铝）

纯铝并不是纯金属，铝的最低含量为99.00%，有时把工业纯铝列为合金之一。因为工业纯铝中都含有一定量的铁和硅及少量的其他元素，因此，在性质上工业纯铝并不同于真正的纯铝。

工业纯铝是相对于化学纯铝而言，其中常见的杂质为铁和硅。按照铁、硅及其他杂质含量的高低可将工业纯铝分为不同品位。高品位的工业纯铝规定铁、硅含量不大于0.16%，杂质含量总和不大于0.30%。对于杂质含量更低的纯铝，称为高纯铝。

1×××系铝合金属于工业纯铝，具有密度小、导电性好、导热性高、溶解潜热大、光反射系数大、热中子吸收界面积较小及外表色泽美观等特性。铝在空气中表面能生成致密而坚固的氧化膜，阻止氧的侵入，因而具有较好的抗蚀性。1×××系铝合金用热处理方法不能达到强化效果，只能采用冷作硬化方法来提高强度，因此强度较低，在变形度高达60%~80%的情况下，其强度也只有150~180 MPa。随着铝的纯度降低，其强度有所提高，但导电性、耐蚀性和塑性则会降低。因而，各种不同牌号的纯铝，其用途也不相同。高纯铝主要用于科学研究、化学工业以及一些其他特殊用途。电气工业中所用的纯铝，除要求导电性能好之外，还要求具有一定强度，所以制造导线、电缆及电容器等用1070、1060和1050纯铝。一般日常生活用家具器皿多用1100合金制造。大部分铝都用于制造铝基合金。有些纯度不高的铝，也可加工成各种形状的半成品材料。

1×××系铝合金中的主要杂质是铁和硅，其次是Cu、Mg、Zn、Mn、Cr、Ti、B等以及一些稀土元素，这些微量元素在部分1×××系铝合金中还起合金化的作用，并且对合金的组织和性能均有一定的影响。

铁、硅是纯铝中的主要杂质，其含量与相对比例，对工艺和使用性能影响很大。如果在高纯铝LO3中将Fe含量由0.0017%增加到1.0%时，其伸长率则由36%降低到14.3%；若将Si含量从0.002%增加到0.5%，其伸长率由36%降至24.5%。这主要是由于引起了组织的变化。

铁在928 K共晶温度下的溶解度为0.052%，室温下则非常小。而硅在850 K共晶温度的溶解度虽比铁高，但在室温时同样很小，所以在纯铝中当铁、硅含量很低时就会出现第二相$FeAl_3$和β（Si）。它们性硬而脆，以针状或片状存在于组织中，塑性、抗腐蚀性都差。另外，还形成三元化合物α（Al、Fe、Si）和β（Al、Fe、Si）。α相呈骨骼状，性脆；β相呈针或条状，性更脆。它们是1×××系铝合金中的主要相，性硬而脆，对力学性能影响较大，一般是使铝合金强度略有提高，而塑性降低，并可以提高再结晶温度。由于铁和硅含量不同，可能出现如下四种情况：

一是铁和硅含量均少时，硅能溶解在基体内，只有铁和铝形成$FeAl_3$相。

二是在标准规定范围内，当Si含量大于Fe时，将形成以Fe为主的α相。

三是硅含量高时，除形成β相，多余硅以游离状态单独存在，性硬而脆，使合金的强度略有提高，而塑性降低，并对高纯铝的二次再结晶晶粒度有明显影响。

无论出现α相和β相或游离硅皆属脆相，它们均能降低塑性。铁和硅是有害杂质，生产中应严格控制含量。

对于熔铸工艺来说，铁与硅的相对含量不同，铸锭形成裂纹的倾向性也不相同。工业纯铝中的铁与硅含量之和在0.65%左右或更低时，最易产生裂纹。若控制铁含量大于硅含量时，可防止裂纹，当Fe与Si含量均高时，即便是Si含量大于Fe含量也不会产生裂纹。

除此之外，Cu在1×××系铝合金中主要以固溶状态存在，对合金的强度有些贡献，对再结晶温度也有影响。Mg在1×××系铝合金中可以是添加元素，并主要以固溶状态存在，其作用是提高强度，对再结晶温度的影响较小。Mn、Cr可以明显提高再结晶温度，但细化晶粒的作用不大。Ti和B是1×××系铝合金的主要变质元素，既可以细化铸锭晶粒，又可以提高再结晶温度并细化晶粒。但钛对再结晶温度的影响与Fe和Si的含量有关，当含有铁时，其影响非常显著；若含有少量的硅时，其作用减小；但当硅含量达到0.48%（质量分数）时，铁又可以使再结晶温度显著提高。

添加元素和杂质对1×××系铝合金的电学性能影响较大，一般均使导电性能降低，其中Ni、Cu、Fe、Zn、Si使合金导电性能降低较少，而V、Cr、Mn、Ti则降低较多。此外，杂质的存在破坏了铝表面形成氧化膜的连续性，使铝的抗蚀性降低。

（2）2×××系铝合金（硬铝合金）

2×××系铝合金是以铜为主要合金元素的铝合金，它是在Al-Cu系合金基础上发展起来的具有较高力学性能的一类变形铝合金，又称杜拉铝（Duralumin）。

2×××系铝合金包括Al-Cu-Mg系和Al-Cu-Mn系合金，这些合金均属热处理可强化铝合金。合金的特点是强度高，通常称为硬铝合金，其耐热性能和加工性能良好。合金中加入铜和镁，除起固溶强化作用外，还形成 θ（Al_2Cu）、S（Al_2CuMg）和 β（Al_3Mg_2）相等。这类铝合金热处理后其抗拉强度一般为400~460 MPa，并有良好的塑性。加入锰主要是为了中和铁的有害影响和改善合金的耐热性，也有一定的固溶强化作用，但锰的析出倾向小，故不参与时效过程。硬铝合金强度高，在退火及淬火状态时塑性良好，焊接性好，可冷压力加工，多数在淬火时效状态下使用，适用于制造承受中等载荷的焊接件与结构件。

由于2×××系铝合金的耐蚀性差，易引起晶间腐蚀，通常在其半成品外层进行防腐处理，如包铝、阳极氧化和涂漆等。例如，板材往往需要包覆一层纯铝，或一层对芯板有电化学保护的6×××系铝合金，以提高其耐腐蚀性能。

（3）3×××系铝合金（Al-Mn系防锈铝合金）

3×××系铝合金是以锰为主要合金元素的铝合金，属于热处理不可强化铝合金。它的塑性高，焊接性能好，强度比1×××系铝合金高，而耐蚀性能与1×××系铝合金相近。它是一类在大气、水和油等介质中具有良好耐蚀性能的变形铝合金，用途广，用量大。

Al-Mn系合金中锰含量范围为1.0%~1.7%。锰通过固溶强化可提高强度，但其主要作用是提高耐蚀性。含量小于2%的一部分Mn能溶于铝中形成固溶体，在930 K（658 ℃）时Mn的含量为1.8%，在20 ℃时Mn含量为0.05%。该系合金一般为单相固溶体组织，当合金中出现第二相$MnAl_6$时，其化学性质与纯铝接近，而强度比工业纯铝高，并有良好的塑性和工艺性能。但由于锰的固溶倾向大，晶内偏析严重，加工产品在退火时易产生粗大晶粒，会影响半成品的加工质量。

部分合金元素和杂质元素在3×××系铝合金中的作用如下：

Mn是3×××系铝合金中唯一的主合金元素，其含量一般在1.0%~1.6%范围内，合金的强度、塑性和工艺性能良好。随着Mn含量的增加，合金的再结晶温度相应地提高。该系合金具有很强的过冷能力，因此在快速冷却结晶时，产生很大的晶内偏析。Mn的浓度在枝晶的中心部位低，而在边缘部位高，当冷加工产品存在明显的Mn偏析时，在退火后易形成粗大晶粒。

Fe能溶于$MnAl_6$中形成$(FeMn)Al_6$化合物，从而降低Mn在Al中的溶解度。在合金中加入0.4%~0.7%Fe，并且保证Fe + Mn含量不大于1.85%，可以有效地细化板材退火后的晶粒，否则，形成大量的粗大片状$(FeMn)Al_6$化合物，会显著降低合金的力学性能和工艺性能。

少量的Mg（约为0.3%）能显著地细化该系合金退火后的晶粒，并稍许提高其抗拉强度，但同时也损害了退火材料的表面光泽。Mg也可以是Al-Mg合金中的合金化元素，添加0.3%~1.3% Mg，合金强度提高，伸长率（退火状态）降低，因此发展出Al-Mg-Mn系合金。

（4）4×××系铝合金

4×××系铝合金是以硅为主要合金元素的铝合金，其大多数合金属于热处理不可强化铝合金，只有含Cu、Mg和Ni的合金，以及焊接热处理强化合金吸取了某些元素时，才可以通过热处理强化。

该系合金中硅含量高，加入量为1%~13%，Al-Si合金的共晶温度为577 ℃，共晶成分为11.7%的Si。Si在Al中最大溶解度（577 ℃时）为1.65%，室温下溶解度仅为0.05%左右。因此，合金中的Si可以认为是以纯硅形式存在。为了提高Al-Si合金的强度，通常加Cu和Mg，使其变成可热处理强化的合金，用于焊接可热处理强化的铝合金。有的Al-Si合金还加入少量Ni，与Fe形成金属间化合物，提高Al-Si合金高温强度和硬度，而又有低线膨胀系数和高的耐磨性。

该系铝合金熔点低，流动性好，容易补缩，可避免焊接裂纹，对焊接十分有利，韧性和抗蚀性也好，因而Al-Si合金可作为焊接铝用的焊丝和钎料。另外，由于一些该系合金的耐磨性能和高温性能好，也被用来制成活塞及耐热零件。硅含量在5%左右的合金，经阳极氧化上色后呈黑灰色，适宜作建筑材料以及制造装饰件。

（5）5×××系铝合金（Al-Mg系防锈铝合金）

合金中的镁含量一般不超过7%，随着镁含量的增加，合金的强度提高，抗拉强度可达400 MPa，且由于相的增多而使塑性下降。该系合金耐蚀性能好，抛光性能佳，能在较长时间内保持光亮表面，并具有优良的塑性，但强度较低。该系合金一般在退火状态、冷作硬化状态或半冷作硬化状态下使用。

（6）6×××系铝合金（Al-Mg-Si系锻铝合金）

合金中的镁和硅形成二元化合物Mg_2Si，起强化作用。加入少量铜，热处理后具有高的塑性，易锻造。这类合金还有高的抗疲劳性能，良好的耐蚀性和焊接性，适于在冷态和热态下制造形状复杂的型材和锻件。

（7）7×××系铝合金（超硬铝合金）

它是工业上使用的室温强度最高的一类变形铝合金，又称高强度或超高强度铝合金，其抗拉强度一般为490~690 MPa。这类铝合金主要是Al-Zn-Mg-Cu系合金，其时效强化相除θ′和S′相外，还有强化效果很显著的η′（$MgZn_2$）相。该系合金中锌和镁含量的比值或总和不同，都会显著影响合金的性能。当$\omega(Zn)/\omega(Mg)$比值增加时，合金的热处理效果增大，强度提高，但应力腐蚀敏感性增大。

超硬铝合金的沉淀强化效果显著，强度高，但屈服强度和抗拉强度值较为接近；主要缺点是塑性低，抗疲劳性差，缺口敏感性大，耐蚀性较差，有应力腐蚀倾向，工艺性能也差，适于制造承力结构件。

2.4.1.2　铸造铝合金

铸造铝合金按基本合金元素的不同可分为：Al–Si系合金、Al–Cu系合金、Al–Mg系合金、Al–Zn系合金。此外还有Al–RE（稀土）系合金等。

Al–Si系铸造铝合金的铸造性能好、耐蚀性高、密度小和力学性能良好。其主要缺点是形成氧化膜，吸气性倾向大，易使铸件出现废品。适用于制造形状复杂、承受一定载荷、耐冲击和耐蚀性好的结构件。

Al–Cu系铸造铝合金的热强性比其他铸造铝合金都好，强度较高，形成氧化膜倾向小。其主要缺点是铸造工艺性能较差，密度大，耐蚀性差。适用于制造较高强度、在高温条件下工作的零件或形状简单、对耐蚀性要求不高的零件。

Al–Mg系铸造铝合金的耐蚀性好，室温力学性能高，密度小。其主要缺点是铸造性能差，熔铸工艺复杂，热强性差，因此其用途受到限制。如在铝镁系合金中添加锌、锰、锆、铜等元素，可改善其性能，适用于制造耐蚀性好、载荷较大的零件。

Al–Zn系铸造铝合金具有"自硬"倾向，即自然时效能力强，并且强度高，铸造工艺简单。其主要缺点是耐蚀性差，铸造时易热裂，密度较大。目前简单的Al–Zn二元系合金已很少使用，如在铝锌系合金中加入一定量的硅、铜和少量镁、铬、钛等元素，其性能更好，应用较广。

2.4.2　铝合金的合金化与合金相

纯铝虽然塑性高，导电性和导热性好，但其用途由于强度和硬度低而受到限制。为适应工业上不同用途的需要，需对纯铝进行合金化。所谓合金化，就是以一种金属为基加入一种或几种元素，熔在一起，构成一种新的金属组成物，使之具有某种特性或良好的综合性能的过程。

虽然大多数元素能与铝组成合金，但只有几种元素在铝中有较大的固溶度而成为常用合金元素。在铝中固溶度超过1%（原子分数）的元素有8个：锰、铜、镓、锗、锂、镁、硅、锌，其中铜、锰、镁、锌、硅为普遍采用的添加元素，是合金化的基本元素。要指出的是，在合金中除表征合金主要特点的主要合金化元素以外，尚有少量的添加元素，如锰（作为合金化元素时除外）、铬、钛、锆等，它们对过饱和固溶体的分解、再结晶过程、晶粒度和各种性能都有很大影响，也能防止铸锭产生裂纹。此外，铁、硅（作为合金元素的除外）等杂质，对加工性能、使用性能都是相当有害的。

2.4.2.1　铝合金中合金元素及其影响

（1）锰（Mn）

锰能阻止铝合金的再结晶，提高再结晶温度，并能显著细化再结晶晶粒。再结晶晶粒的细化主要是通过$MnAl_6$弥散质点对再结晶晶粒长大起阻碍作用。$MnAl_6$的另一作用是能溶解杂质铁，形成$(Mn, Fe)Al_6$相，使铁的化合物从针状变为块状，减小铁的有害影响。对铸造铝合金，加Mn量如果超过1%，能提高合金的耐热性能，但会使合金的晶粒粗大，引起合金变脆，降低室温强度。对变形铝合金，加Mn量可达1.0%~1.6%；超过1.6%则会产生硬脆粗大的化合物$MnAl_6$，使合金的延展性显著降低。

（2）镁（Mg）和硅（Si）

镁在铝中的溶解度随温度下降而大大变小，但在大部分工业变形铝合金中，镁的含量均小于6%。每增加1%的镁，抗拉强度大约升高34 MPa。如果加入1%以下的锰，可起补充强化作用，因此加锰后可降低镁含量，同时可降低热裂倾向。另外，镁还可以使Mg_5Al_8化合物均匀沉淀，改善合金的抗蚀性和焊接性能。

硅在Al-Mg-Si系合金中和在Al-Si铸造合金系及Al-Si焊条中，均作为合金元素加入。而在其他铝合金中，硅通常是杂质元素。若镁和硅同时加入铝中形成Al-Mg-Si系合金，这是一类重要的可热处理强化的铝合金，强化相为Mg_2Si。设计Al-Mg-Si系合金成分时，基本上按镁和硅的质量比（1.73：1）的比例配置镁和硅的含量。为了提高强度，有的Al-Mg-Si合金加入适量的铜，同时加入适量的铬以抵消铜对抗蚀性的不利影响。

Al-Mg-Si合金大致可分为三组：

第一组合金有平衡的镁硅含量。镁和硅的总量不超过1.5%，Mg_2Si一般在0.8%~1.2%。典型合金是LD31（6063）。固溶处理温度高，淬火敏感性低，挤压性能好，挤压后可直接风淬，抗蚀性高，阳极氧化处理效果好。

第二组合金的镁、硅总量较高，Mg_2Si为1.4%左右。镁、硅比亦为1.73∶1的平衡成分。该组合金加入了适量的铜以提高强度，同时加入适量的铬以抵消铜对抗蚀性的不良影响。典型合金是LD30（6061），其抗拉强度比LD31约高70 MPa，但淬火敏感性较高，不能实现风淬。

第三组合金的镁、硅总量虽然也是1.5%，但有过剩的硅。其作用是细化Mg_2Si质点，同时硅沉淀后亦有强化作用。但硅易于在晶界偏析将引起合金脆化，降低塑性。加入铬（如6151）或锰（如6351），有助于减小过利硅的不良作用。

在变形铝合金中，硅作为单一合金元素加入仅限于用作焊料的特殊品，如LT1合金。硅加入铝中亦有一定的固溶强化作用。

（3）锌（Zn）

锌单独加入铝中，在变形的条件下对合金强度的提高很有限，同时有应力腐蚀开裂倾向，因而限制了它的应用。

锌在铝中的溶解度很大，但在不太高的温度下又从过饱和固溶体中分解出来以第二相的形式存在，其显微硬度比固溶体低，对合金的变形不起阻碍作用，因而热强性很差，且它和α（Al）固溶体之间存在电位差，抗蚀性也不好，故Al-Zn二元合金早已失去它在工业上的使用价值。

Zn在同时添加有Mg、Cu、Si等合金化元素的三元或四元铝锌合金中有作用。所以，它又是Al-Zn-Mg、Al-Zn-Mg-Cu等合金的主要合金元素。由于Zn在Al-Zn-Mg合金中能同时溶入α（Al）固溶体和β相中，形成强化相η相和T相（$Al_2Zn_3Mg_3$），减弱Mg原子的扩散能力，抑制了它的扩散，阻滞β相的析出并使其呈不连续分布，从而显著地提高了合金的强度和抗应力腐蚀能力。

Zn在非Al-Zn系铝合金中的添加量控制在1%左右为好，因为超过1%则抗蚀性降低，并且凝固时收缩量也大，有助长裂纹的倾向。锌能提高铝的电极电位，Al-1%Zn的LB1（7072）合金用作包覆铝或牺牲阳极。

（4）铜（Cu）

铜是重要的铝合金元素，有一定的固溶强化效果。548 ℃时，铜在铝中的最大溶解度为5.65%；温度降到302 ℃时，铜的溶解度为0.45%。此外，时效析出的$CuAl_2$相具有明显的时效强化效果。铝合金中铜含量通常在2.5%~5%，铜含量在4%~6.8%时强化效果最好。

在Al–Zn–Mg的基础上加入铜，形成Al–Zn–Mg–Cu系超硬铝，其强化效果在所有铝合金中是最大的，是重要的航空、航天合金。

合金中的制大部分溶入η（$MgZn_2$）和T（$Al_2Mg_3Zn_3$）相内，少量溶入α（Al）内。可按锌、镁之比将此系合金分为四类。Zn：Mg ≤ 1：6者，主要沉淀相为Mg_5Al_8；Zn：Mg=1：6~7：3者，主要沉淀相为T（$Al_2Mg_3Zn_3$）相；Zn：Mg=5：2~7：1者，主要沉淀相为η（$MIgZn_2$）相；Zn：Mg>10：1者，沉淀相为Mg_2Al_{11}。第一类实际上是Al–Mg系合金，第二、三类为工业上常用的Al–Zn–Mg–Cu系合金范围。

一般来说，锌、镁、铜总含量在9%以上时，强度高，但合金的抗蚀性、成型性、可焊性、缺口敏感性、抗疲劳性能等均会降低，总含量在6%~8%范围内，合金能保持高的强度，而其他性能较差；总含量在5%以下者，合金成型性能优良，应力腐蚀开裂敏感性基本消失。

（5）锂（Li）

锂是自然界中最轻的金属，其密度约为铝的1/5。在铝合金中添加锂可有效地降低合金密度和大大提高弹性模量。在铝中每添加1%的锂，可使密度下降约3%，弹性模量升高约6%。含少量锂的铝合金在时效过程中沉淀出均匀分布的球形共格强化相δ′（Al_3Li），提高了合金的强度和弹性模量。同时铝锂合金具有高比强、较好的抗蚀性能以及低的裂纹扩展速率。因此对于飞机、空间飞行器和舰艇等都是极具吸引力的金属材料。

近几年来，对合金的强化机理、显微组织、性能改善和工艺改进等方面的研究都取得了不少进展。已研究过的合金系有Al–Li、Al–Cu–Li、Li–Mg–Li等。

（6）锆（Zr）

锆是铝合金中常用的微合金化元素，一般加入量为0.1%~0.2%。锆和铝形成$ZrAl_3$化合物，可阻碍再结晶过程，细化再结晶晶粒。对于可焊合金，淬火冷却速度应慢。这样既能减少残余应力，又能减小显微组织之间的电位差。应注意成分调整，可用0.08%~0.25%Zr代替铬和锰，因为锆对淬火敏感性影响最小。锆与铝形成$ZrAl_3$，而铬和锰分别形成$Al_{12}Mg_2Cr$、$Al_{20}Cu_2Mn_3$，都能阻碍再结晶，而$ZrAl_3$不含合金强化元素，而铬、锰化合物会使强化元素减小，势必增加了镁、铜含量。减小应力腐蚀开裂倾向的另一方法是分级时效。

（7）铬（Cr）

铬为Al-Mg系、Al-Mg-Si系、Al-Zn-Mg系合金中常见的添加元素。铬在铝中的溶解度在660 ℃时约为0.8%，室温时基本上不溶解，主要以$(CrFe)Al_7$和$(CrMn)Al_{12}$等化合物存在，阻碍再结晶的形核和长大过程，对合金有一定的强化作用。另外，铬还能改善合金韧性和降低应力腐蚀开裂敏感性。但会增加淬火敏感性，铬使阳极氧化膜呈黄色。

铬的添加量一般不超过0.35%，并随合金中过渡族元素的增加而降低。微量铬明显降低铝的导电性能，电工铝应严格控制其含量。

（8）钛（Ti）和硼（B）

由于Ti在铝合金中形成$TiAl_3$金属间化合物，故成为初晶α（Al）的有效异质晶核，并有抑制其生长的作用而使晶粒细化。当Ti与B同时存在时，则又形成中间相TiB_2、AlB_2、$(Al, Ti)B_2$等，也成为初晶α（Al）的有效异质晶核。除共晶和过共晶的Al-Si系合金外，其他铝合金多采用Ti作为晶粒细化剂，其添加量在0.05%~0.15%，均有明显的细化晶粒效果。添加方法是采用含5%Ti或10%Ti的Al-Ti中间合金或Al-Ti-B中间合金或含有Ti和B的添加剂添加到铝合金液中。

（9）稀土（RE）

稀土元素加入铝合金中，使铝合金熔铸时增加成分过冷，细化晶粒，减少二次枝晶间距，减少合金中的气体和夹杂，并使夹杂相趋于球化，还可降低熔体表面张力，增加流动性，对工艺性能有着明显的影响。混合稀土的添加，使Al-0.65Mg-0.61Si合金时效GP区形成的临界温度降低。含镁的铝合金，能激发稀土元素的变质作用。

（10）镍（Ni）

镍在铝中的固溶度小，室温时以难溶化合物的形式存在。在Al-Cu-Mg系合金中同时加入镍和铁（如LD7、LD8、LD9），能明显地提高其室温强度和高温强度。如果单独加入铁或镍反而不利。因为单独加入铁时，生成Cu_2FeAl_7或$CuFeAl_3$相，单独加入镍时则生成AlCuNi或$(CuNi)_2Al_3$相，这四个相都含有铜，势必减少原有强化相S（Al_2CuMg）相的数量。如果铁和镍按1∶1的比例加入，则形成耐热相Al_9FeNi，这样不但保证铜充分形成S相，而且又增加了耐热相Al_9FeNi。Al_9FeNi相既有弥散强化作用，又能阻碍高温下的位错攀移，热处理后可使合金的抗拉强度约提高50 MPa。

工业纯铝中的微量镍，会降低合金的导电性能和增加点蚀程度。

（11）钴（Co）

钴是复杂合金化的高强度铸造铝合金的微量添加元素。它与Ni、Mn共存时，形成Al(NiCoFeMn)等很复杂的强化相于枝晶间，阻碍位错运动、阻止晶粒滑移，有效地提高了合金的室温和高温（400 ℃）强度。Co的添加量通常为0.1%~0.5%。

（12）钪（Sc）

钪既是过渡族元素，又属于稀土元素，因此，它在铝及铝合金中既有稀土元素的净化熔体和改善铸锭组织的作用，又有过渡元素细化晶粒、抑制再结晶的作用。在铝合金中加入微量的钪可以形成Al_3Sc相。初生Al_3Sc相具有明显的细化晶粒作用。在均匀化及热加工加热过程中析出的次生Al_3Sc相能够有效地抑制再结晶，而且Al_3Sc相本身也具有直接弥散析出强化作用，能大大提高合金的强度。

（13）银（Ag）

银在铝中的最大固溶度达55.6%，而不影响铝的加工特性，但对高强铝合金的时效动力学有明显影响。少量银对Al-Cu-Mg、Al-Zn-Mg-Cu系合金的抗拉强度、断裂韧度、疲劳特性、应力腐蚀抗力等均有良好的影响。在Al-Cu-Mg合金中添加Ag，由于Ag和Mg元素强烈的交互作用改变了合金析出相种类。在Al-Zn-Mg-Cu合金中加入Ag，可促进在120~220 ℃时效的时效硬化效果，并促进了η′相的弥散析出，同时减小了PFZ（无析区带）宽度。

少量的铜，特别是银，可提高应力腐蚀抗力，但银昂贵，工业合金很少采用。

（14）锶（Sr）

锶是表面活性元素，在结晶学上锶能改变金属间化合物相的行为，因此用锶进行变质处理能改善合金的塑性加工性能和最终产品质量。由于锶变质的有效时间长、效果和再现性好，近年来在Al-Si铸造合金中取代了钠的使用。对于高硅（10%~13%）变形铝合金中加入0.02%~0.07%的锶，可使初晶硅减少至最低限度，力学性能也显著提高。在过共晶Al-Si合金中加入锶，能减小初晶硅粒子尺寸，改善塑性加工性能，可顺利地热轧和冷轧。

（15）铁（Fe）

铁在Al-Cu-Mg-Fe系和Al-Fe-V系耐热铝合金中是作为合金元素加入的，而在其他铝合金中，铁是常见的杂质元素，主要以$FeAl_3$针状化合物存在，使合金的韧性和耐蚀性显著下降。

铁和硅往往同时存在于铝中，当合金中硅含量大于铁时，形成β-AlFeSi（$Al_9Fe_2Si_2$）相，而铁含量大于硅时，形成α-AlFeSi（$Al_{12}Fe_3Si$）。当铁和硅比例不当时，会引起铸件产生裂纹，铸铝中铁含量过高时会使铸件产生脆性。在压铸铝合金中允许有1%以下的含Fe量，这是为了防止黏模和增加合金的润湿融合能力。

（16）钠（Na）

钠在铝中几乎不溶解，最大固溶度小于0.002 5%。合金中存在钠时，在凝固过程中吸附在枝晶间或晶界，热加工时晶界上的钠形成液态吸附层，产生脆性开裂，即为"钠脆"。当有硅存在时，形成NaAlSi化合物，无游离钠存在，不产生"钠脆"。当镁含量超过2%时，镁夺取硅，析出游离钠，产生"钠脆"，因此高镁铝合金不允许使用钠盐熔剂。但是在铸造Al-Si系合金中，钠可作为变质剂，用以细化共晶Si，使合金强度和韧性都获得提高。钠的加入量在0.01%~0.014%。

（17）钙（Ca）

钙是铝合金中的一种杂质，在铝中固溶度极低，与铝形成$CaAl_4$化合物。钙又是铝合金的超塑性元素，含大约5%钙和5%锰的铝合金具有超塑性。钙和硅形成$CaSi_2$，不溶于铝，由于减小了硅的固溶量，可稍微提高工业纯铝的导电性能。钙能改善铝合金切削性能。微量钙有利于去除铝液中的氢，有较小地降低铝合金的共晶温度、细化共晶硅的作用，故一般不把它作为变质剂来使用，而是在铝合金的熔化和保温中将它作为防氧化和脱氧的熔剂使用。在压铸铝合金中，加入0.01%~0.03%的Ca，可显著增加合金液的润湿融合能力，减少冷隔、避免黏模；但Ca含量高会使Al-Si系共晶合金熔体的黏度增加，枝晶组织发达而阻滞合金液的流动，使合金液的流动性降低，还会使共晶成分的Al-Si系合金的表面凹凸不平呈龟甲皮状（六角形）或疙瘩样蛙皮状，但对合金的收缩性没有影响。Ca含量一般控制在0.003%~0.03%的范围内。

（18）铅（Pb）、锡（Sn）和铋（Bi）

这三种元素都是低熔点金属，都几乎不溶于铝合金中而单独分布在晶界上。在铝合金凝固时，由于凝固后的收缩力，它们会助长铸造裂纹，并降低合金的耐蚀性；若在晶界上分布均匀，则可改善铝合金的切削加工性能。Pb、Sn都与Mg起化学反应，减弱Mg的强化作用，使合金的强度下降。此外，由于它们的密度均比铝合金大，故容易产生比重偏析，Bi还会减弱Sr、Na对铝合金的变质效果，所以铝合金中应尽量降低它们的含量，严格控制在0.01%以下。但是，Pb、Sn都有优越的固体润滑性，添加少量Pb和Sn的铝合金，其耐磨性能和切削加工性能较好，所以常把它作为低温、低转速轴承材料和易切削铝合金使用。铋在凝固过程中膨胀，对补缩有利，高镁合金中加入铋可防止"钠脆"。

（19）锑（Sb）

Sb对亚共晶和过共晶Al-Si合金都有较好的变质作用，经细化后的共晶Si呈薄层状，再经固溶处理强化后，则共晶Si变成粒状，从而提高了合金的力学性能。Sb作为变质剂，一个最大优点是变质作用保持时间长，可达100 h以上，因而通常被称为长效变质剂。Sb的添加量约为炉料总质量的0.2%~0.4%，超过0.4%时则会生成Sb的化合物，使力学性能下降。Sb的变质效果与合金的冷却速度有关，当冷却速度快（如金属型铸造和薄壁铸件）时，变质作用可得到充分发挥；当冷却速度慢（如石膏型或砂型铸造及厚壁铸件）时，其变质作用就差。Sb对合金液的吸气、收缩等行为没有影响，但添加了Sb的铸件在固溶处理的高温加热中会生成含Sb的氧化黑皮，有损铸件的外观。

（20）铍（Be）

铍在铝合金的熔炼铸造中可防止镁元素的氧化、熔炼损耗和吸气，提高合金的冶金质量及表面氧化膜的致密度，因为Be与氧的亲和力大于Al与氧的亲和力而先被氧化。Be可与杂质Fe形成化合物，使针状铁变为团粒状；Be还可防止浇注时砂型铸件与模型的反冲。但含量过多则会使合金的晶粒粗大，降低合金的伸长率，增大合金的热裂倾向。因此，对铸造铝合金一般添加0.5%左右，对变形铝合金则添加0.05%左右。Be是以Al–Be中间合金加入的。应严格注意的是：Be在添加到熔融的铝合金液中会产生有毒的白灰色蒸气，对人体的呼吸系统有害。在接触食品和饮料的铝合金中不能含有铍，焊接材料中的铍含量通常控制在8 μg/mL以下，用作焊接基体的铝合金也应控制铍的含量。

（21）钒（V）

钒加入铝及铝合金中生成VAl难溶化合物，在熔炼和铸造过程中起细化晶粒的作用，但其效果比钛和锆的小。钒亦有细化再结晶组织、提高再结晶温度的作用。微量钒使铝的导电性能有明显的降低，铝的电导体材料应严格控制其含量。

（22）磷（P）

磷在铝合金中形成闪锌矿型AlP晶体，其晶格常数几乎与金刚石型Si晶体的一样，最小原子间距也很相近，使AlP晶体成为过共晶Al-Si合金和高硅铝合金中初晶Si的有效异质晶核，有效地细化初晶Si。当有Ca存在时，会生成Ca_3P，降低P的变质效果。

2.4.2.2 铝合金中的相

铝合金中的相主要包括Al–Cr、Al–Cu、Al–Fe、Al–Mn、Al–Mg、Al–Ti、Al–Zr等二元合金相和Al–Ce–Si、Al–Cr–Si、Al–Cu–Fe、Al–Cu–Mg、Al–Cu–Mn、Al–Fe–Mn、Al–Fe–Si、Al–Mg–Mn、Al–Mg–Zn、Al–Mn–Si等三元合金相。铝合金中主要的二元合金相和三元合金相分别见表2–1和表2–2。

表2–1 铝合金中主要的二元合金相

二元系	相的代号	相的表达式	相的晶体结构
Al–Cr	β	θ–Al_7Cr	底心单斜
	γ	$Al_{11}Cr_2$	复杂斜方
	ε_2	γ–Al_9Cr_4	复杂立方
	ε_3	γ–Al_9Cr_4	复杂立方
	ζ_1	Al_8Cr_5	复杂立方
	ζ_2	Al_8Cr_5（低温）	菱形六面体
	η	$AlCr_2$	体心立方

二元系	相的代号	相的表达式	相的晶体结构
Al–Cu	β	$\beta-AlCu_3$	体心立方
	γ	—	面心立方
	γ_1	—	面心立方
	γ_2	Al_4Cu_9	立方
	χ	—	体心立方
	ε_1	—	尚未确定
	ε_2	Al_2Cu_3	尚未确定
	ζ_1	—	六方
	ζ_2	—	单斜
	η_1	AlCu（低温）	斜方
	η_2	AlCu（低温）	底心斜方
	θ	Al_2Cu（低温）	体心正方
Al–Fe	β_1	$AlFe_3$	面心立方
	β_2	AlFe	体心立方
	ε	—	复杂体心立方
	ζ	$\zeta-Al_3Fe$	复杂菱形立方
	η	$\eta-Al_3Fe_2$	底心斜方
	θ	$\theta-Al_3Fe$	底心单斜
		Al_9Fe_2	单斜
		Al_6Fe	正交
		Al_mFe（$m=4.0\sim4.4$）	体心立方
Al–Mg	β	$\beta-Al_3Mg_2$	复杂面心立方
	β'	$\varepsilon-Al_{30}Mg_{23}$	复杂菱形六面体
	γ	$\gamma-Al_{12}Mg_{17}$	体心立方
	γ'	—	尚未确定
Al–Mn	β	Al_6Mn	斜方
	γ	Al_4Mn	六方
	ε	$\phi-Al_{10}Mn_3$	六方
	ζ_1	Al_3Mn	斜方
	ζ_2	$\delta-Al_{11}Mn_4$	三斜或立方
	η_1	$\eta-AlMn$	六方
	η_2	Al_8Mn_5	体心菱形六面体
	θ	$\varepsilon-AlMn$	六方
Al-Ti	β	Al_3Ti	正方
	γ	AlTi	面心正方
	δ	$AlTi_3$	六方

续表

二元系	相的代号	相的表达式	相的晶体结构
Al–Zr	β	Al_3Zr	体心正方
	γ	Al_2Zr	六方
	δ	Al_3Zr_2	斜方
	ε	$AlZr$	斜方
	ζ	Al_3Zr_4	六方
	η	Al_2Zr_3	正方
	θ	Al_3Zr_5	正方
	L	$AlZr_2$	六方
	K	$AlZr_3$	面心立方

表2-2 铝合金中主要的三元合金相

三元系	相的表达式	相的晶体结构
Al–Ce–Si	$Ce_2Si_2Al_{13}$	立方
Al–Cr–Si	$Cr_4Si_4Al_{13}$	立方
Al–Cu–Fe	（FeCu）Al_6 Cu_2FeAl_7	正交 正方
Al–Cu–Mg	$CuMgAl_2$ $Cu_2Mg_3Al_{20}$	正交 正交
Al–Cu–Mn	$CuMn_2Al_{12}$	斜方
Al–Fe–Mn	（FeMn）Al_6	正交
Al–Fe–Si	$\alpha-$（Fe_2SiAl_8） $\beta-$（$FeSiAl_5$） $\delta-$（Fe_2SiAl_4）	六方 单斜 正方
Al–Mg–Mn	（MgMn）$_3Al_{10}$	—
Al–Mg–Zn	$Mg_3Zn_3Al_2$	体心立方
Al–Mn–Si	Mn_2SiAl_{15}	立方

第3章　镁及其合金

　　进入21世纪，资源和环境已成为人类可持续发展的首要问题。减少环境污染以及节约地球有限资源，进而实现人类的可持续发展，是当今人们所面临的一个十分重要而紧迫的课题。镁及镁合金具有一系列独特的性能，如密度低、比强度和比刚度高、减振性好、电磁屏蔽性能优异、切削加工性和热成形性好、易于回收等，在移动通信、数码产品等3C产品的壳体结构件上以及在汽车、电子、电器、航空航天、国防军工、交通等领域都具有重要的应用价值和广阔的应用前景。镁已经成为继铜、铝、铅、锌之后的第五大有色金属，被人们誉为21世纪最有前途的轻量化材料和绿色金属工程材料。在很多传统金属矿产趋于枯竭的今天，加速开发镁及其合金是中国社会可持续发展的重要措施之一。

3.1　镁及其结构

3.1.1　镁的概念

镁于1774年首次被人们发现，并以希腊古城Magnesia命名，元素符号为Mg，属周期表中ⅡA族碱土金属元素。相对原子质量为24.305。

纯镁的密度为1.738 g/cm^3，是轻金属的一种。镁是具有银白色金属光泽的金属，化学性质活泼，在空气中由于氧化而迅速变暗。镁与铍，钛一样，呈密排六方晶体结构（图3-1），晶格常数为a=0.320 2 nm；c=0.519 9 nm。在室温下滑移系少，故加工性能比面心立方晶格的铝要差得多。

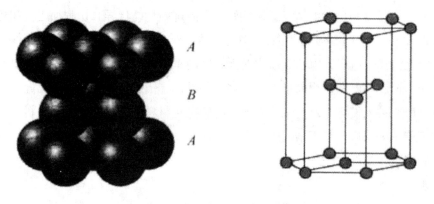

图3-1　镁晶体结构示意图

镁元素的元素符号为Mg，原子序数为12，自由原子中各轨道电子状态为$1s^2 2s^2 2p^6 3s^2$，同位素原子有Mg^{24}、Mg^{25}和Mg^{26}（其质量分数分别为78.99%、10.00%和11.01%），相对原子质量为24.305，摩尔体积为14.0 cm^3/mol。

在标准大气压下纯镁是密排六方晶体结构，其晶格常数见表3-1，晶胞结构如图3-2所示。其晶格常数a及c随温度变化情况如图3-3和图3-4所示。

表3-1的测量结果与理论预测值a=0.320 92 nm和c=0.521 05 nm相吻合，误差仅为0.01%。如果交错密排原子层系由理想的硬球原子组成，则理想密排六方结构的c/a为1.633。这与室温下所测得的c/a为1.623 6相比，说明金属镁具有接近完美的密排结构。

表3-1 纯镁的晶格常数

晶格常数/nm		说明	晶格常数/nm		说明
a	c		a	c	
0.320 95	0.521 05	在25℃下	0.320 94	0.521 11	25℃
0.320 93	0.521 03	在25℃下	0.320 88	0.520 99	25℃
0.320 90	0.521 05	在25℃下	0.320 95	0.521 07	25℃

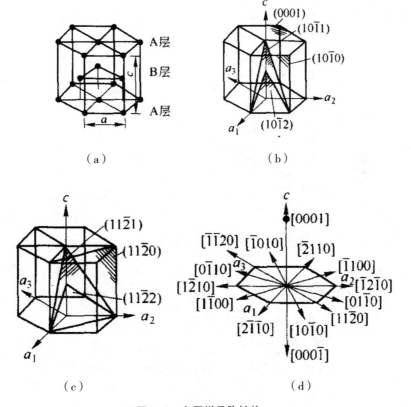

（a）　　　　（b）

（c）　　　　（d）

图3-2 金属镁晶胞结构

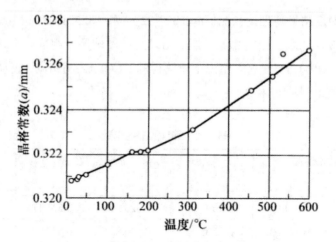

图3-3　纯镁晶体的晶格常数a随温度变化情况

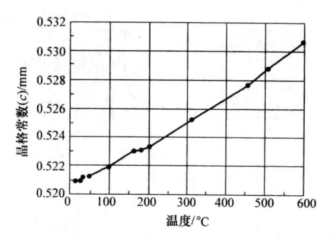

图3-4　纯镁晶体的晶格常数c随温度变化情况

纯镁的晶格常数a、c的大小与温度有关，在0~50℃的温度区间内，a（单位为nm）、c（单位为nm）的大小可用公式表示为

$$a=0.320\ 75+（7.045T+0.004\ 7T^2）\times10^{-6}$$

$$c=0.520\ 76+（11.758T+0.008\ 0T^2）\times10^{-6}$$

式中，T为摄氏温度（℃）。

3.1.2 镁矿资源

镁是地壳中排位第八的富有元素，其蕴藏量为2.77%。镁同时也是海水中的第三富有元素，约占海水质量的0.13%。镁有60多种矿产品，其中白云石（$MgCO_3 \cdot CaCO_3$）、菱镁矿（$MgCO_3$）、氢氧镁石[$Mg(OH)_2$或$MgO \cdot H_2O$] · 光卤石（$MgCl_2 \cdot KCl \cdot 6H_2O$）、橄榄石（$MgFeSiO_4$）和蛇纹石（$3MgO \cdot 2SiO_2 \cdot 2H_2O$）最具商业开采价值。含镁的主要矿物见表3-2。据有关资料介绍，早在1993年年底，全世界已探明的菱镁矿储量为126亿吨，主要储存于以下十几个国家和地区，菱镁矿的储量和分布见表3-3。

表3-2 含镁的主要矿物

矿物名称		组成	Mg质量分数（%）
碳酸盐类	菱镁矿 白云石 水碳镁石	$MgCO_3$ $MgCO_3 \cdot CaCO_3$ $MgCO_3 \cdot Mg(OH)_2 \cdot 3H_2O$	28.8 13.2 26
硅酸盐类	滑石 橄榄石 蛇纹石	$3MgO \cdot 45iO_2 \cdot H_2O$ $MgFeSiO_4$ $3MgO_2SiO_2 \cdot 2H_2O$	19.2 28 26.3
硫酸盐类	硫酸镁石 钾镁矾石 无水钾镁矾	$MgSiO_4 \cdot H_2O$ $MgSiO_4 \cdot KCl \cdot 3H_2O$ $2MgSiO_4 \cdot K2SiO_4$	17.6 9.8 11.7
氯化物盐类	光卤石 卤水	$MgCl_2 \cdot KCl \cdot 6H_2O$ $NaCl \cdot KCl_2 \cdot MgCl_2$	8.8 可变
其他	方镁石 水镁石 尖晶石 海水	MgO $Mg(OH)_2$ $MgO \cdot Al_2O_3$	60 41.6 17 0.13

表3-3   菱镁矿的储量和分布

国家	储量/亿吨	国家	储量/亿吨
中国	30.09	美国	0.66
朝鲜	30	加拿大	0.6~1
新西兰	6.0	巴西	0.4
捷克	5.0	希腊	0.3
印度	1.0	前南斯拉夫	0.14
奥地利	0.75	澳大利亚	>0.1

白云石资源遍及全国各地，已探明储量在40亿t以上。白云石的组成见表3-4。宁夏矿藏丰富，现已探明白云石矿储量超过亿t，其中同心县白云石是国内综合指标最好的矿石之一。镁的主要加工原料白云岩在贺兰山下储量丰富，品位很高。宁夏与山西、河南两省并列为我国镁业三强。

表3-4   白云石的组成

产地	质量分数/%				
	MgO	CaO	R_2O_3	SiO_2	烧失量
海南枫树乡	21.52	30.44	0.64	1.53	45.4
广西贵港	20.45	30.78	0.27	0.32	47.3
贵州乌当下坝	21.85	30.87	0.072	0.54	47.03
江苏南京	21.18	30.93	0.15	0.09	47.5
湖南新化县坪溪乡	21.26	33.27	0.27	0.32	47.3
湖南湘乡棋梓桥	20.05	32.29	0.08	0.50	47.6
湖南临湘城关	20.76	30.0	0.50	1.8	46.2
湖南宜章县	21.76	30.64	0.035	0.37	46.72
湖北石门坎	20.65	30.36	0.63	2.56	45.1

菱镁矿石经过煅烧，碳酸镁分解为氧化镁和二氧化碳。氧化镁具有较强

的耐火性能和绝热性能，广泛应用于冶金、建材、轻工、化工、医药、航空、航天、军工、电子、农牧等行业。

中国青海盐湖含有丰富的镁资源。柴达木盆地拥有丰富的钾、镁盐矿，其中察尔汗盐湖总面积达5 856 km²，具有储量大、品位高、类型全、资源组合好等特点。据初步探测，柴达木盆地盐湖保有储量为48.15亿t（其中氯化镁31.43亿t，硫酸镁16.72亿t），工业储量为12.72亿t（其中氯化镁12.55亿t，硫酸镁0.17亿t）。镁盐储量占我国总储量的89.3%，其中卤水平均含氯化镁17.74%，高出海水氯化镁含量30倍。

3.2 镁及其合金的特性

3.2.1 镁的性质

人们对于镁这种金属的普遍认识是密度小、易于燃烧，镁的这些特性是由其物理、化学性质所决定的。下面就镁元素的物理性能、热性能和力学性能等方面进行介绍。

3.2.1.1 物理性能

（1）密度。20 ℃时金属镁的密度为1.738 g/cm³，在熔化温度下（650 ℃）固态金属镁的密度约为1.65 g/cm³。

（2）凝固体积变化。金属镁凝固体积收缩率为4.2%，对应的凝固线收缩率为1.5%。

（3）冷却体积变化。当金属镁从650 ℃冷却到20 ℃的过程中产生约5%的体积收缩，对应的线收缩率为1.7%。

3.2.1.2　热性能

（1）熔点。标准大气压下，金属镁的熔点为650 ℃。

（2）沸点。标准大气压下，金属镁的沸点是1 090 ℃。

（3）热膨胀。纯镁在较低温度下的热膨胀系数见表3-5。

表3-5　低温状态下纯镁的热膨胀系数

温度/℃	热膨胀系数/℃$^{-1}$	温度/℃	热膨胀系数/℃$^{-1}$
-250	0.62×10^{-6}	-150	17.9×10^{-6}
-225	5.4×10^{-6}	-100	21.8×10^{-6}
-200	11.0×10^{-6}	-50	23.8×10^{-6}

基于已发表的试验结果和美国陶氏（Dow）化学公司的研究数据，Baker提出在0~550 ℃温区内多晶金属镁的热膨胀系数 α_t（单位为℃$^{-1}$）可以表达为

$$\alpha_t = (25.0 + 0.018\ 8T) \times 10^{-6}$$

式中，T为摄氏温度（℃）。

根据该公式推出的多晶纯镁在该温度范围内的平均热膨胀系数见表3-6。

表3-6　低温状态下纯镁的热膨胀系数

温度/℃	热膨胀系数/℃$^{-1}$
20~100	26.1×10^{-6}
20~200	27.1×10^{-6}
20~300	28.0×10^{-6}
20~400	29.0×10^{-6}
20~500	29.9×10^{-6}

（4）热传导能力。试验测定的金属镁在低、中温区的热导率见表3-7。热导率在149~5 700 W/（m·K）变化，在温度9 K时到达峰值。

表3-7　低、中温状态下纯镁的热导率

温度			热导率 λ /[W/（m·K）]
/K	/℃	/℉	
1	−272	−458	986
2	−271	−456	1 960
3	−270	−455	2 900
4	−269	−453	3 760
5	−268	−451	4 500
6	−267	−449	5 080
7	−266	−447	5 470
8	−265	−446	5 670
9	−264	−444	5 700
10	−263	−442	5 580
15	−258	−433	4 110
20	−253	−424	2 720
30	−243	−406	1 290
40	−233	−388	719
50	−223	−370	465
60	−213	−352	327
70	−203	−334	249
80	−193	−316	202
90	−183	−298	178
100	−172	−280	169
150	−123	−190	161
200	−73	−100	159
250	−23	−10	157

续表

温度			热导率 λ
/K	/℃	/℉	/[W/（m·K）]
300	27	80	156
350	77	170	155
400	127	260	153
500	227	440	151
600	327	620	149

金属镁的热导率 λ [单位为W/（m·K）]还可以根据镁的Bungardt和
Kallen-bach公式计算，即

$$\lambda = 22.6T/\rho + 0.016\ 7T$$

式中，ρ 为电阻率；T为绝对温度（K）。

（5）比热容（c_p）。金属镁在20℃的比热容是1.025 kJ/（kg·K），镁比热
容与温度的关系如图3-5所示。

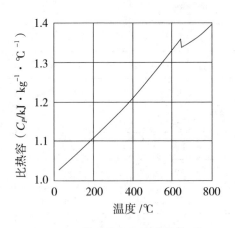

图3-5　镁比热容与温度的关系

（6）迪拜特征温度。金属镁在30 K温度以上的迪拜特征温度是326 K（53℃）。

（7）熔化潜热。金属镁的熔化潜热为360~377 kJ/kg。

（8）升华潜热。25℃时金属镁的升华潜热为6 113~6 238 kJ/kg。

（9）汽化潜热。金属镁的汽化潜热为5 150~5 400 kJ/kg。

（10）蒸气压。表3-8给出了金属镁的蒸气压与温度的关系。

表3-8　金属镁的蒸气压与温度的关系

温度/K	压力/10^5 Pa	温度/K	压力/10^5 Pa
在给定温度下的蒸气压力		1 376	1.00
298.15	1.5×10^{-20}	1 400	1.19
400	5.2×10^{-14}	在给定蒸气压力下的温度	
500	3.9×10^{-10}	482	10^{-10}
600	1.38×10^{-7}	514	10^{-9}
700	8.92×10^{-6}	551	10^{-8}
800	1.99×10^{-4}	594	10^{-7}
900	2.21×10^{-3}	644	10^{-6}
923（固体）	3.55×10^{-3}	703	10^{-5}
923（液体）	3.55×10^{-3}	776	10^{-4}
1 000	1.36×10^{-2}	865	10^{-3}
1 100	5.76×10^{-2}	982	10^{-2}
1 200	1.90×10^{-1}	1 143	10^{-1}
1 300	5.14×10^{-1}	1 376	10

（11）燃点。在标准状态下，金属镁在空气中加热到632~6 359℃开始燃烧。

（12）燃烧热。金属镁的燃烧热为24 900~25 200 kJ/kg。

（13）自扩散系数。金属镁的自扩散系数在468℃时为4.4×10^{-10} cm²/s，

在551℃时为3.6×10^{-9} cm²/s，在627℃时为2.1×10^{-8} cm²/s。

3.2.1.3　力学性能

（1）拉伸性能。纯镁在20℃的典型力学性能见表3-9。

表3-9　纯镁在20℃的典型力学性能

加工方式	R_m /MPa	拉伸时的 $R_{p0.2}$ /MPa	压缩时的 $R_{p0.2}$ /MPa	A_{50} / %	硬度	
					HRE	HBW
砂型铸造	90	21	21	2~6	16	30
挤压成形	165~205	69~105	34~55	5~8	26	35
硬轧板	180~220	115~140	105~115	2~10	48~54	45~47
退火板	160~195	90~105	69~83	3~15	37~39	40~41

温度和应变速率对镁拉伸性能的影响如图3-6和图3-7所示。

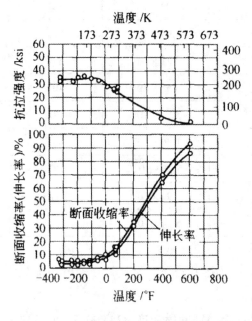

图3-6　试验温度对镁拉伸性能的影响

挤压态试棒直径为15.875 mm，应变速率为1.27 mm/min，1 ksi=6.895 MPa

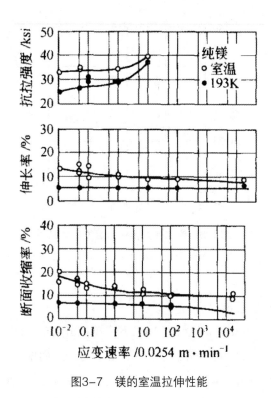

图3-7　镁的室温拉伸性能

l ksi=6.895 MPa

（2）弹性模量。金属镁在温度20℃时的弹性模量与其纯度有关。当纯度为99.98%时，金属镁的动态弹性模量为44 GPa，其静态弹性模量为40 GPa；而当纯度变为99.80%时，金属镁的动态弹性模量增至45 GPa，静态弹性模量也上升为43 GPa。随着温度的增加，镁的弹性模量下降（图3-8）。

（3）泊松比。金属镁的泊松比为0.35。

（4）波速。在拉拔退火金属镁材中，纵波的速度为5.77 km/s，横波的速度为3.05 km/s。

（5）摩擦因数。在20 ℃下金属镁对金属镁的摩擦因数为0.36。

（6）黏度。在650 ℃下液态金属镁的动力黏度为1.23 MPa·s，在700 ℃下液态金属镁的动力黏度为1.13 MPa·s。

（7）表面张力。在660~852 ℃温度范围内，表面张力值为0.545~0.563 N/m；在894~1 120 ℃温度范围内，表面张力值为0.502~0.504 N/m。

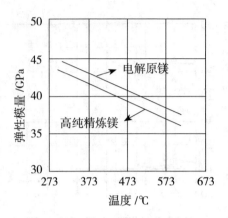

图3-8　镁的弹性模量与温度的关系

3.2.1.4　电学性能

纯镁的电导率为38.6% IACS。20℃下镁单晶a轴向电阻率为45.3 n$\Omega\cdot$m，c轴向电阻率为37.8 $\Omega\cdot$m。镁的电阻率随温度的升高而增加。20℃下镁单晶a轴向电阻温度系数为0.165 n$\Omega\cdot$m/K，c轴向电阻温度系数为0.143 n$\Omega\cdot$m/K。

25℃下以饱和甘汞电极为参比电极，镁的接触电极电位为44 mV；27℃下以铜电极为参比电极，镁的接触电极电位为−0.222 mV。相对标准氢电极，镁的标准电极电位为−2.37 V；Mg$^+$的离子电位为7.65 eV；Mg^{2+}的离子电位为15.05 eV。已报道的镁的功函数有3.61 eV和3.66 eV两种数值。

3.2.1.5　磁学性能

纯镁的磁化率为（6.27~6.32）× 10^{-3}，磁导率为1.000 012，霍尔系数为−1.06 × 10^{-16} $\Omega\cdot$m/（A·m）。

3.2.1.6　光学性能

镁具有金属光泽，呈亮白色。入射光波长为0.50 μm时，镁的反射率为0.72；波长为1.00 μm时，反射率为0.74；波长为3.0 μm时，反射率为0.8；波长为9.0 μm时，反射率为0.93。日光吸收率为0.31。22 ℃下辐射系数为0.07。波长为0.589 μm时，吸收率为4.42，折射率为0.37。

3.2.1.7　声学性能

声波在拉拔并退火的镁材中的传播速度为5.77 km·s^{-1}；横波传播速度为3.05 km·s^{-1}；纵波传播速度为4.94 km·s^{-1}。

3.2.1.8　原子核特性

在热中子发射中，天然镁及同位素的中子吸收截面值（单位：barn/atcm，1 barn=10^{-24} cm^2）如下：天然镁为0.063±0.004，^{24}Mg为0.03，^{25}Mg为0.27，^{26}Mg为0.03。

镁的放射性同位素有关数据列于表3-10中，X射线吸收系数为32.9 m^2/kg。

表3-10　镁的放射性同位素

放射性同位素	半衰期	衰变能/MeV	射线	放射线[①]/MeV
^{21}Mg	0.21 s	—	β（+）质子	（3.44，4.03，4.81，6.45）
			γ	0.074，0.59
^{22}Mg	3.9 s	5.04	β（+）	3.0
^{23}Mg	12 s	4.06	γ	0.44
			β（+）	1.75，1.59
^{27}Mg	9.5 min	2.61	γ	0.84，1.01
			β（−）	0.45，2.87
^{28}Mg	21.3 h	1.84	γ	0.032，1.35.0.95，0.40，（1.78）

注：①括号中数据为短周期裂变元素产生的射线。

3.2.2　镁合金的特点

镁合金是最轻的工程金属结构材料，具有比强度高，比弹性模量大，散热好，消震性好，承受冲击载荷能力比铝合金大等优点，主要用于航空、航天、运输、化工、火箭等工业部门。目前使用最广的是镁铝合金，其次是镁锰合金和镁锌锆合金。

3.2.2.1　镁合金的特性

（1）密度小。镁合金是最轻的工程结构材料之一，镁的密度约为钢的1/4，铝的2/3。

（2）镁合金熔点比铝合金熔点低，压铸成型性能好。比强度、比刚度高。镁合金铸件的比刚度与铝合金和钢相当，而远远高于工程塑料，为一般塑料的10倍，其比强度高达133，可以和钛的比强度相媲美。

（3）减振性能好。在相同载荷下，减振性是铝的100倍，是钛合金的300~500倍。

（4）电磁屏蔽性佳。电磁屏蔽性能，防辐射性能可达到100%。

（5）散热性好。镁合金的热传导性略低于铝合金及铜合金，远高于钛合金，比热则与水接近，是常用合金中最高者。因此，用于电器产品上，可有效地将内部的热散发到外面，如发动机罩盖、内部产生高温的计算机和投影仪的外壳，以及散热部件等。

（6）质感佳。镁合金的外观及触摸质感极佳，使产品更具豪华感。

（7）可回收性好。只要花费相当于新料价格的4%，就可将镁合金制品及废料回收利用。

（8）具有优良的铸造、挤压、轧制.切削和弯曲加工等性能。

（9）塑性变形特征。镁合金一般具有密排六方晶体结构，对称性差，其轴比（ c/a ）值为1.623，室温可开动的滑移系少，冷加工成型困难。温度是影响镁合金塑性变形能力的关键因素：低于498 K时，滑移模式主要为{0001}{11$\overline{2}$0}基面滑移。因此，镁合金变形时只有3个几何滑移系和2个独立滑移系（铝合金有12个几何滑移系和5个独立滑移系），易在晶界处产生大的应力集中，加工塑性较差。

3.2.2.2　镁合金的缺点

（1）镁合金的化学活性很强，在空气中易氧化、易燃烧，且生成的氧化膜疏松。

（2）抗盐水腐蚀能力差，同时，与钢铁材料接触时，易产生电化学腐蚀。

（3）杨氏模量、疲劳强度和冲击值等零件设计方面的材料性能比铝低。当代替铝合金制作零件时，厚度需要增加，导致轻量化效果降低。

（4）镁合金铸造性差。凝固时易产生显微疏松，因而降低铸件的力学性能；其综合成本也比铝合金高。塑性加工件的价格远高于铝合金。

3.3　镁合金的分类及合金化原理

3.3.1　镁合金的分类及其特点

镁合金一般按三种方式分类，即合金的化学成分、成形工艺和是否含锆（图3-9）。

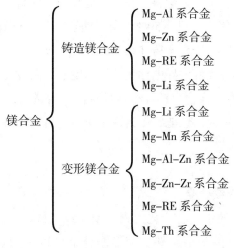

图3-9　镁合金的分类（根据加工工艺）

按化学成分，镁合金可分为二元、三元或多元合金系，因为大多数的镁合金都含有不止两种合金元素。但在实际中，为了分析问题的方便，也是为了简化和突出合金中的最主要合金元素，一般习惯上总是依据镁与其中的一个主要合金元素，将镁合金划分为二元合金系，如Mg–Mn、Mg–Al、Mg–Zn、Mg–Re、Mg–Th、Mg–Ag和Mg–Li系等。

按成形工艺镁合金可分为两大类，即变形镁合金和铸造镁合金。变形镁合金和铸造镁合金在成分、组织和性能上存在着很大的差异。本节按照此种分类方法进行介绍。

依据合金中是否含锆，镁合金又可划分为含锆镁合金和不含锆镁合金两大类。

3.3.1.1　铸造镁合金

铸造镁合金通常含有不同量的Mg、Al、Zn。Al是镁合金的主要合金元素，Al的最大含量不超过10%。某些镁合金可以少量（0.1%）加入Ca用于特殊目的。此外，新开发的铸造镁合金含有RE和Zr，以提高镁合金的耐热性能。通常铸造镁合金可以通过热处理改善机械性能。

镁合金密度小（1.74~1.90 g/cm^3），熔点比铝合金低，压铸成形性能好；镁合金相对比强度（强度与质量之比）最高；比刚度（刚度与质量之比）接近铝合金和钢，远高于工程塑料；在弹性范围内，镁合金铸件受到冲击载荷时，吸收的能量比铝合金件多50%，所以镁合金具有良好的抗震减噪性能；镁合金铸件抗拉强度与铝合金铸件相当；屈服强度、伸长率与铝合金也相差不大；镁合金还具有良好的导电导热性能、电磁屏蔽性能、防辐射性能，做到100%回收再利用；镁合金铸件稳定性较高，可进行高精度机械加工；镁合金具有良好的压铸成形性能，压铸件壁厚最小可达0.5 mm，适应制造各类压铸件。

3.3.1.2　变形镁合金

变形镁合金中的主要合金化元素是Al、Zn、Mn。MAl的强度较低，可用于制备板材、锻件和挤压件。变形镁合金可以分为热处理可强化和不可强化。AZ80A和ZK60A可以时效处理，强度上升但延展性下降。MA1和

AZ31B以热轧态、冷轧态和退火态供应。变形镁合金主要有MA1、A231B、AZ61A、AZ80A和ZK60A，其中A231B用于制备板材和挤压件，AZ61A 和AZ80A用于制备挤压件，AZ80A不能用于制备挤压空心型材和管材。

变形镁合金在强度和伸长率方面均优于压铸镁合金，前者比后者的性能要高出30%~50%，用变形镁合金制造零件可以更薄更轻，因此开发它的成形技术和应用领域具有很大的实际意义。

3.3.2　镁的合金化

纯镁不能用作工程结构材料，因为它的强度很低，铸造态金属镁的屈服强度约为20 MPa，抗拉强度约为80 MPa，伸长率为6%，布氏硬度为30。金属镁经过合金化后可以获得多样化的力学性能。

常规镁合金以固溶硬化及（或）沉淀硬化而强化。为达到有效的固溶硬化，溶质与溶剂原子半径差应尽可能大，若溶质与溶剂原子半径差不大于15%则会生成宽广的固溶体。原子尺寸差愈大，固溶度愈有限，在镁中有最大固溶度的是周期表中IB族元素，即密排六方的锌和镉，在高温（>253℃）下只有镉与镁生成连续固溶体。若合金元素的固溶度高于0.5%（原子分数）且原子半径差足够大的话，常可期望得到明显的固溶硬化效应。沉淀硬化要求固溶度随温度降低而减少，并且生成的沉淀产物在材料使用温度范围内必须稳定。镁是相当正电性的，会与大部分合金元素生成金属间化合物，随合金元素的电负性增加，化合物的稳定性有增加趋势。沉淀序列常开始于小的共格质点，在高温下长大和粗化并失去共格性。一些重要的合金元素是非常贵的，例如稀土元素、钇和银，因而它们限于用在特定场合。

（1）铝（Al）

铝是镁合金中最常用的合金元素，同时它也是压铸镁合金中的主要构成元素之一。

铝在固态镁中具有较大的固溶度，其极限固溶度为12.7%，但随着温度的降低，固溶度迅速减小，在室温时固溶度减小为2.0%左右。Al在Mg中的溶解度随温度降低而下降，当合金凝固或时效处理时，过饱和固溶体中析出弥散、平衡的 β（$Mg_{17}Al_{12}$）强化相，从而提高Mg-Al合金的强度。β相随Al量增加而增多。β相呈片层状，片层与镁基体 α 相的基面平行或垂直。镁合金中的 β 相在铸锭均匀化处理中会重熔到基体 α 相中，在动态再结晶过程中又重新在晶界析出，阻碍孪晶及位错运动，使材料的强度增加而延展性下降。但和铝合金相比，Mg-Al合金的时效性能并不理想，原因在于所析出的 β 相中绝大多数以基面为惯析面的片状形式析出，对基面滑移位错的阻力较小。

铝可明显改善合金的铸造性能，提高合金的强度，铝的质量分数达到6%时，可获得令人满意的强度和韧性指标。但是在晶界上析出的$Mg_{17}Al_{12}$的热稳定性差，会降低合金的抗蠕变性能。在铸造镁合金中铝的质量分数可达到7%~9%，而在变形镁合金中铝的质量分数一般控制在3%~5%。

（2）锌（Zn）

锌是镁合金中常用的合金元素之一，常与铝或锆、钇或稀土元素联合使用。Mg-Al合金中添加Zn元素主要是为了改变镁合金的力学性能，是除Al以外的另外一种非常有效的合金元素，具有固溶强化和时效强化双重作用。Zn在固态镁中有相当的固溶度，在340℃时为6.2%，在204℃时为2.8%。可见，其固溶度随着温度的降低而显著减小。锌可以提高铸件的抗蠕变性能，但ω（Zn）>2.5%时对合金的防腐性能有负面影响，所以原则上锌的质量分数不超过2.0%。

（3）锰（Mn）

锰可提高镁合金的抗拉强度，但降低塑性。在镁合金中加入1.5%~2.5%（质量分数）的锰的目的是改善合金的抗应力腐蚀倾向，从而提高合金的耐腐蚀性能和改善合金的焊接性能。锰通常不单独使用，经常与其他元素一起加入镁合金中。例如在含铝的镁合金中加锰，可形成MnAl、$MnAl_6$或$MnAl_4$化合物，另外还可形成MgFeMn化合物，从而减小了铁在镁合金中的固溶度，提高了镁合金的耐热性。

（4）稀土元素（RE）

稀土元素可显著提高镁合金的耐热性，明显改善合金的高温强度和抗蠕变性能，并可细化晶粒，减少显微疏松和热裂倾向，改善铸造性能和焊接性能，一般无应力腐蚀倾向，其耐腐蚀性能不亚于其他镁合金。常用的稀土元素有铈（Ce）、镧（La）、钕（Nd）、镨（Pr）、钇（Y），例如钇和钕能细化晶粒，通过改变形变机制（孪生和滑移），改善了合金的韧性。

（5）硅（Si）

硅元素可用来改善合金的热稳定性和抗蠕变性，增强熔融合金的流动性，当有铁存在的情况下，可使合金的抗腐蚀能力有所减弱。到目前为止，添加硅的镁合金很少，仅有AS41和AS21。

Si在镁合金中主要形成Mg_2Si相，弥散分布在晶界周围。Mg_2Si具有较高的熔点和热稳定性，只有在400℃时才变得不稳定。Mg_2Si在Mg-Al-Si合金中往往呈汉字形析出，增加合金的脆性。加Ca可改善Mg_2Si形态，提高合金的韧性。

（6）锆（Zr）

锆可细化晶粒，减少热裂倾向，提高合金的力学性能和耐热性能，在镁合金中添加0.5%~0.8%（质量分数）的锆，其细化效果最好。锆可以添加到含有锌、钍、稀土等元素的镁合金中，发挥良好的细化作用；而不能添加到含有铝或锰的镁合金中，这是由于锆能与铝或锰形成稳定的化合物，显著地抑制了锆的细化作用，锆只有固溶在镁基体中，才能发挥出细化晶粒的效果。另外，锆还可以与镁合金熔体中的铁、硅、碳、氮、氧、氢反应生成稳定的化合物，则锆的细化作用将被显著削弱。

（7）碱土元素

碱土元素在镁合金中的作用大致可以分为两大类：阻燃作用与细化晶粒的作用。碱土元素正是通过这两大作用来提高镁合金的综合性能，特别是镁合金的耐热性。主要的碱土金属包括铍（Be）、钙（Ca）、锶（Sr）、钡（Ba）。

Be的固溶度很小，其抗氧化能力强，在镁合金熔炼过程中可减少镁的氧化烧损，其副作用是引起晶粒粗大。当温度高于750℃时，Be对提高Mg的抗氧化的作用大为降低。而镁合金的熔炼温度一般均高于750℃，因此，用加Be防止镁熔体氧化仅是一种辅助措施。合金中加入Be的含量大于0.002%时，必须用变质处理来细化合金结构。

Ca作为合金元素能提高镁合金的燃点。钙可细化合金组织，在合金中添加钙可提高合金的蠕变抗力。这是一种成本低廉且可有效地改善合金抗蠕变性能的方法，这主要是因为Al_2Ca替代了$Mg_{17}TA_{12}$，提高了合金的热稳定性。另外，钙可以作为镁合金熔炼及随后的热处理过程中的脱氧剂，还可以改善板材的可轧制性，但其质量分数超过0.3%将有损于合金的焊接性。

Sr在镁合金中的作用主要是细化晶粒。其细化晶粒的机理可能是Sr为表面活性元素，在生长界面上形成了含Sr的吸附膜，导致晶粒生长速率降低。低的生长速率又会使得熔体中有充足的时间来形成晶核，故此可最终细化晶粒。

Ba也能提高镁合金的燃点，含Ba的镁合金阻燃过程实际上就是Ba与MgO不断反应的过程，熔体中的Ba原子不断地扩散到镁合金液表面补充被消耗掉的Ba原子。在一定时间内，镁合金熔体表面形成的MgO、BaO、Al_2O_3等氧化物形成致密的氧化膜，阻止对镁合金液内部的进一步氧化侵蚀，从而起到对镁合金熔体的保护作用。

（8）锂（Li）

锂是唯一能减轻镁合金密度的元素，其在镁中的固溶度可高达5.5%，在室温时锂的固溶度仍保持较大。在合金中添加锂可降低强度，但提高韧性，弹性常数也有一定程度的改善。

锂在镁合金中形成的第二相β为体心立方结构，使镁合金锻件制品或者出现α+β相，或者出现β相。随着Li含量的增加，合金组织由α（HCP）→α+β→β（BCC）转变（HCP表示密排六方晶格，BCC表示体心立方晶格），合金的塑性变形能力进一步得到显著改善，提高了变形速度及变形率，降低了变形加工温度。工业Mg-Li合金的Li含量一般要达到15%，代表性牌号有美国的LAl4IA合金（ρ=1.36 g/cm^3）和俄罗斯的MA18合金（ρ=1.48 g/cm^3）。

（9）钛（Ti）

在一定的条件下，镁液中某些金属元素会同金属杂质元素相互作用，形成不溶性金属间化合物从镁液中沉淀出来，可将这一类金属或它的化合物加入镁液，从而达到去除金属杂质的目的。这类物质包括Ti、Zr、Mn、Co、Be及它们的氧化物等。

（10）其他元素

铜能提高合金的高温强度，但其质量分数超过0.05%时将影响合金的耐腐蚀性能。铁、铜、镍、钴这4种元素在镁中的固溶度都很小，但均是镁合金熔炼过程中的有害元素，当铁、镍或钴的质量分数大于0.005%时，就会大大降低镁合金的抗腐蚀能力。

3.4　主要镁合金的相图、相结构与相组成

3.4.1　Mg–Zn系合金

3.4.1.1　相图

目前已知的Mg–Zn二元合金相图有两种不同的形式，如图3–10所示。其不同之处主要表现在相区富镁端的共晶温度和共晶化合物的存在范围上；共晶化合物的组成稍有差异，分别为Mg_7Zn_3和$Mg_{51}Zn_{20}$，Mg/Zn之比大致在2.3~2.4。

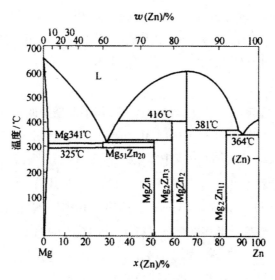

（a）Mg–Zn 二元合金相图一

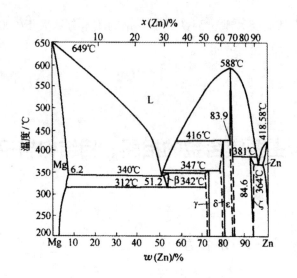

（b）Mg–Zn 二元合金相图二

图3-10　Mg–Zn二元合金相图

β–Mg₇Zn；　γ–MgZn；　δ–Mg₂Zn₃；　ξ–MgZn₃；　ε–MgZn₂

3.4.1.2　相结构及其组成

Mg-9Zn二元合金铸态组织的共晶相主要为$Mg_{51}Zn_{20}$；另外还有合金凝固冷却过程中由$Mg_{51}Zn_{20}$化合物分解而来的$MgZn$相和$MgZn_2$相。合金经315℃、4 h固溶处理后，$Mg_{51}Zn_{20}$完全分解形成与$MgZn_2$ Laves相晶体结构相同的中间相。$Mg_{51}Zn_{20}$具有体心正交点阵，晶格常数$a=1.408\ 3$ nm，$b=1.448\ 6$ nm，$c=1.402\ 5$ nm。

Mg-Zn合金在时效过程中有共格GP区和半共格中间沉淀相形成，其时效析出序列为：SSSS+GP区→β′₁（$MgZn_2$）→β′₂（$MgZn_2$）→Mg_2Zn_3。

其中，SSSS表示过饱和固溶体（以下同）。GP区呈圆盘状，与基体完全共格，盘平行于{0001}$_{Mg}$。β′₁呈棒状，与基体完全共格，棒垂直于{0001}$_{Mg}$；密排六方结构，$a=0.52$ nm，$c=0.85$ nm；该相的析出对应于合金的时效硬化峰值；β′₂呈圆盘状，与基体半共格，盘平行于{0001}$_{Mg}$，（$11\bar{2}0$）$_{MgZn}$‖（$10\bar{1}0$）$_{Mg}$；密排六方结构，$a=0.52$ nm，$c=0.848$ nm；β′₂的大量析出使合金开始发生过时效。过时效生成的平衡非共格析出相Mg_2Zn_3属三角晶系，$a=1.724$ nm，$b=1.445$ nm，$c=0.52$ nm，$\gamma=138°$。

纯粹的Mg–Zn二元合金在实际中几乎没有得到应用，因为该合金的组织粗大，对显微缩孔非常敏感。但这一合金有一个明显的优点，就是可通过时效强化来显著地改善合金的强度。因此，通常加入第三种元素来抑制晶粒的长大。在Mg–Zn二元系基础上发展起来的Mg–Zn合金有Mg–Zn–Zr合金、Mg–Zn–RE合金，以及具有良好综合力学性能的新型Mg–Zn–Cu合金。

Mg–Zn–Zr合金属高强度镁合金，一般锌含量不超过6%～6.5%，也有锌含量高达9%的铸造合金。随锌含量增加，抗拉强度和屈服强度提高，伸长率略有下降，铸造性能、工艺塑性和焊接性能恶化。铸造Mg–Zn–Zr三元合金典型牌号有ZK51A、ZK61A，变形合金有ZK21A、ZK31.ZK40A、ZK60A、ZK61。由于锌增加热裂倾向和显微疏松，铸造合金中锌含量高于4%时合金便不可焊，因此在使用上受到较大限制。但是对变形合金却不存在这一问题，如ZK40A和ZK60A均是常用的挤压产品合金。铸造Mg–Zn–Zr合金采用T1沉淀处理或T6固溶时效处理，变形Mg–Zn–Zr挤压制品或锻件只在人工时效状态下使用。

有研究人员对添加1.5% RE对Mg–8Zn合金组织和性能的影响的研究表明，RE的加入不仅改变了铸态组织中原有二元相的结构形态，而且生成了一种新的三元共晶相，称为T相。T相具有较宽的成分组成范围，主要为Mg52.6Zn39.5RE7.9或（MgZn）92.1RE7.9。T相具有C心正交结构，其晶格常数a=0.96 nm，b=1.12 nm，c=0.94 nm。另外，RE的加入还改变了合金的时效硬化特征：RE阻碍了β_2'相的析出，因而推迟了过时效的发生。

在Mg–Zn合金中加入Cu可以显著提高合金塑性和时效强化程度。时效硬化与上述提到的棒状β_1'（$MgZn_2$）共格相和圆盘状β_2'（$MgZn_2$）半共格相两种主要析出相相关，有Cu存在时，β_1'和β_2'中至少一种析出相的浓度比不含Cu时增加。室温下Mg–Zn–Cu合金铸件的力学性能与AZ91相仿，而且有较好的高温稳定性。一种典型的Mg–Zn–Cu砂型铸件的牌号为ZC63。Cu的加入可以提高共晶温度，因而可以在更高的温度下进行固溶处理，从而提高了Zn和Cu的最大固溶量。同时，共晶化合物的形态也发生了变化。Mg–Zn 合金中，Mg–Zn合金物以离异共晶形式分布在晶界和枝晶间；而在三元含Cu合金中，则以层片状共晶形式存在。大部分的Cu以化合物的形式存在于共晶相Mg（Cu，Zn）$_2$中，因而减小了Cu对合金抗腐蚀性的不利影响。这类合金铸件可用于汽车发动机部件，但腐蚀仍是一个亟待解决的问题。

四元合金Mg-Zn-Cu-Mn，如ZC71，同样具有时效硬化特征，可用于制造挤压产品。

在含锌小于4%的Mg-Zn合金中添加大于0.5%的Ca，在167℃以下析出几个原子层厚的细小盘片状化合物，可以显著提高Mg-Zn合金的蠕变抗力。当温度高于167℃时，析出物粗化，合金抗蠕变性能恶化；锌含量增加时，蠕变抗力也下降。含Ca析出物成分为Mg_2Ca及$Mg_5Ca_2Zn_5$。含锌量较高的Mg-Zn-Al（ZA）合金（如ZA142、ZA144）的抗蠕变性能大大优于AZ91合金。在合金中加入Ca和Sr，可以进一步提高ZA合金的蠕变抗力。Ca的作用比Sr更明显。少量的Ca和Sr固溶在镁基体中，大量的Ca和Sr存在于$Mg_xZn_yAl_z$化合物相中。

3.4.2　Mg-RE系合金

3.4.2.1　相图

稀土元素是目前改善镁合金耐热性最有效和最具实用价值的金属，Mg-RE系合金可在150~250℃下工作。加入稀土元素可以降低镁的氧化倾向，提高镁合金熔体起燃温度；稀土元素在固液界面前沿富集引起成分过冷，阻碍α-Mg晶粒长大的作用，进一步促进了晶粒的细化。镁合金中，大部分稀土元素在镁中具有较高的溶解度，且随温度降低而降低，因此含稀土镁合金具有明显的固溶与时效强化效应。同时，稀土易与镁或其他合金化元素在合金凝固过程中形成稳定、细小且弥散分布的金属间化合物，这些金属间化合物一般具有高熔点、高热稳定性等特点，在高温下可以钉扎晶界，抑制位错运动与晶界滑移，从而增强合金基体。

镁与很多稀土元素都能单独或混合形成合金，作为代表，图3-11给出了Mg-Ce、Mg-Nd和Mg-Y三个Mg-RE二元合金相图。

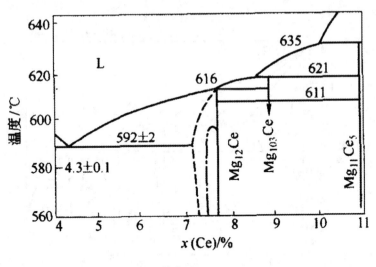

（a）Mg–Ce

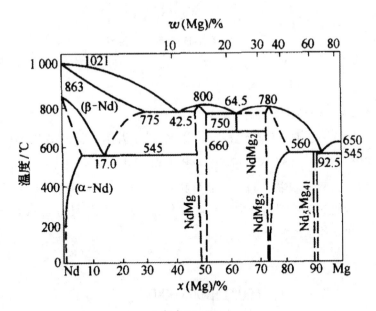

（b）Mg–Nd

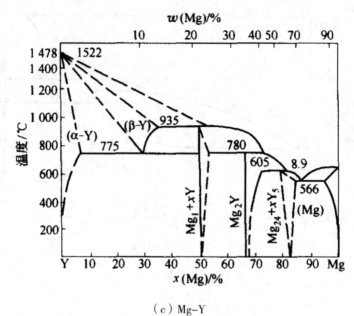

（c）Mg-Y

图3-11　Mg-RE二元合金相图

3.4.2.2　相结构及组成

Mg-RE系具有时效硬化特征。以Mg-Nd为例，其时效析出序列为：SSSS+GP区→β″→β′（Mg_3Nd）→β（$Mg_{12}Nd$）。

其中，GP区呈盘状，与基体完全共格，盘平行于$\{10\bar{1}0\}_{Mg}$。

β″为具有DO_{19}型超结构的密排六方沉淀相，可能具有Mg_3Nd的化学组成，呈盘状，与基体完全共格：

$$(0001)\beta″//(0001)_{Mg}$$
$$\{10\bar{1}0\}\beta″//\{10\bar{1}0\}_{Mg}$$

DO_{19}晶胞的a轴是基体镁的2倍，c轴与镁相同。该相对应于合金的时效硬化峰值，而且能在较大的温度范围内相对稳定地存在。β″析出相的存在可能是合金蠕变性能提高的一个主要因素。

β′（Mg₃Nd）呈盘状，面心立方结构，a=0.736 nm，与基体半共格：

$$(011)_\beta // (0001)_{Mg}$$
$$(\overline{1}1\overline{1})_\beta // (\overline{2}110)_{Mg}$$

过时效生成的平衡沉淀相为 β（Mg₁₂Nd），体心四方晶系，a=1.03 nm，c=0.593 nm，与基体之间的共格关系消失。

从Mg-Nd二元相图来看，时效析出平衡相应该具有Nd₅Mg₄₁的化学组成，这与以上给出的Mg₁₂Nd的化学式不同。从图3-12共晶化合物类型的变化规律看，元素Nd恰好处于共晶化合物由REMg₁₂向RE₅Mg₄₁转型的过渡线上，因此对含铌稀土化合物（或其他稀土化合物）的类型仍需进一步确认。

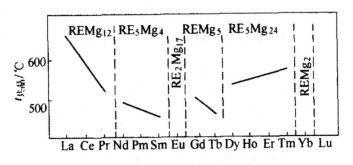

图3-12　Mg-RE系中共晶化合物的类型

Mg-RE合金系中通常加入Zr和Zn，Zr可以使铸态组织显著细化，Zn可以进一步提高合金的抗蠕变性能。Mg-RE二元合金因晶粒粗大，致使拉伸强度极差，实际上不能作为结构件使用。加入Zr后，合金组织显著细化，才使合金铸态拉伸性能提高到了可以接受的水平，因此Mg-RE二元系中均含有一定量的Zr。

近年来在Mg-RE耐热合金系方面，研究者们致力于利用钇在镁中的高固溶度（12.5%）和Mg-Y合金的时效硬化潜力，来开发新的MgRE合金。如开发了Mg-Y-Zn-Zr、Mg Y-Nd-Zn-Zr、Mg-Y-Nd-Zr等合金系。由于钇较贵以及难以与镁化合，人们开发了一种相对便宜的混合稀土来替代钇，该混合稀土含75%的钇和钆、铒等重稀土元素。

Mg-Y-Nd合金系中的沉淀析出相比较复杂。在沉淀过程、沉淀相的成分结构等方面仍有待于进一步研究。一般认为Mg-Y-Nd合金系时效过程中的析出序列为：SSSS→GP区→β''→β'→β。其中，β''与Mg-RE二元系中的时效析出相β''相同。β'呈盘状，可能具有$Mg_{12}NdY$的化学成分，体心单斜，与基体之间存在以下位向关系：

$$(0001)_{\beta'}//(0001)_{Mg}$$
$$[100]_{\beta'}//[\bar{2}110]_{Mg}$$
$$[010]_{\beta'}//[01\bar{1}0]_{Mg}$$

β为平衡沉淀相，体心立方，与基体之间的共格关系消失，可能具有$Mg_{11}NdY_2$的化学成分。β与基体之间存在以下位向关系：

$$(011)_{\beta}//(0001)_{Mg}$$
$$[1\bar{1}1]_{\beta}//[0\bar{2}10]_{Mg}$$

极细小的盘状β''析出相在200℃以下的时效过程中形成，而通常Mg-Y-Nd合金的T6处理是在250℃下进行，高于β的固相线，因而实际上将直接析出β'相。

在Mg-Y-Nd合金系中，6%Y和2%Nd的合金成分可以获得最高的强度和足够好的塑性。该系合金中第一个商业化的合金为WE54，该合金具有优异的高温性能，已用于飞机和赛车汽缸上。但是，WE54合金长时间暴露在150℃环境温度下，由于晶内β''相的二次析出，将导致合金塑性的逐渐降低，直至降低到不能接受的水平。适当降低Y含量、升高Nd含量，合金强度虽有轻微下降，但可以保持良好的塑性，在此基础上开发了WE43合金。

3.4.3 Mg-Li系二元合金

3.4.3.1 相图

Li密度只有0.53 g/cm³，以锂合金化的Mg-Li合金是目前最轻的合金，而且具有高的比强度和比刚度，是追求部件轻量化的最理想的合金材料。图3-13所示为Mg-Li二元合金相图。

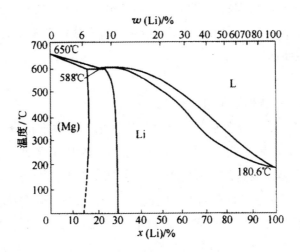

（a）完整相图

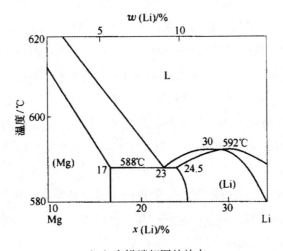

（b）富镁端相图的放大

图3-13 Mg-Li 二元合金相图

Mg–Li合金中根据Li含量（质量分数）及结构的不同，一般分为三种类型：

（1）ω（Li）<5.7%，这类合金由Li在Mg中的固溶体a相组成，具有密排六方（hcp）结构，一般无工业用途的合金；这种合金由于轴比c/a减小，滑移系$\{10\bar{1}0\}$或$\{10\bar{1}1\}$。

（2）5.7%<ω（Li）<10.3%，这类合金具有（$\alpha+\beta$）两相组织，其中β相是Mg在Li中的固溶体，为体心立方（bcc）结构，具有较高的塑性。

（3）ω（Li）>10.3%，这类合金全部由β相组成，从而将镁的六方晶格改变为体心立方晶格，大大改善了镁合金的冷压成形性能。工业Mg–Li合金中Li含量一般要达到15%。

3.4.3.2 相结构及组成

铸造的Mg–Li合金在室温下就可加工成形，允许变形量达50%~60%。Mg–Li合金的缺口敏感性小，焊接容易。但由于Li原子尺寸小，原子扩散能力强，因而耐热性很差，在稍高温度（50~70℃）下，二元合金就变得不稳定并过时效，导致在较低载荷下发生过度蠕变，故只适合在常温下工作。加入其他合金元素可在一定程度上提高Mg–Li合金的热稳定性。Mg–Li合金现在已应用在装甲板及航空和宇航的零部件上。Mg–Li合金的缺点是化学活性很高，Li极易与空气中的氧、氢、氮结合成稳定性很高的化合物，因此熔炼和铸造必须在惰性气氛中进行，采用普通熔剂保护方法很难得到优质铸锭。此外，Mg–Li合金的耐蚀性低于一般镁合金，应力腐蚀倾向严重。

锂对一些杂质特别敏感（尤其是钠），当钠含量超过0.06%，合金塑性就急剧下降。Mg–Li合金化学活性极高，以及腐蚀抗力低等问题，Mg–Li合金迄今只得到了有限应用，并且尚未商业化生产。商业化应用比较成功的两种Mg–Li合金为LA141A和LSI41A。20世纪60年代曾开发出航空和军事用的板材、挤压产品和锻件。

锂的加入会降低合金的强度，但提高了合金的塑性。Mg–Li合金中一般添加铝、锌或硅。加入铝可以起到提高合金的蠕变抗力和稳定性能的作用。LA141A和LS141A中的锂含量均在13%~15%，因此具有单一的体心立方晶格的β相固溶体。LA141A中除β相外，还存在面心立方晶格的LiAl和面心立方晶格的Li$_2$MgAl等亚稳的金属间化合物相。LiAl具有很高的化学活性，对合金抗腐蚀性能不利。加入合金中的硅可能与镁化合生成Mg$_2$Si相。也有一些牌号的Mg-Li合金，如LA91，具有α（Mg）/β（Li）两相混合组织。研究发现，在含锂8%~10%，由α（Mg）和β（Li）两相组成的合金中，当添加少量的Al、Zr、Pb、Ag或Y时，合金具有超塑性。

代表性的三元合金是Mg-Li-Al和Mg-Li-Zn。在Mg-Li二元合金中加入铝或锌，可进行固溶强化和时效沉淀强化。Al-Li化合物或θ相（MgLi$_2$Al）通过固溶时效处理沉淀于基体上，可形成时效强化，但在长时间时效过程中可能会发生θ相转变成AlLi相，从而发生过时效，导致强度降低。同样，锌在合金中可形成MgLiZn沉淀相，但当锌含量较高时形成MgLi$_2$Zn亚稳相，在时效过程中容易粗化并转变为稳定的MgLiZn相而发生过时效。

为了抑制三元合金的过时效，在Mg-Li三元合金的基础上进行了多元合金化。合金化的基本原则是元素在基体中的固溶度较小，在基体中弥散存在以阻碍Li的扩散，达到抑制过时效的目的。添加的代表性元素有Ag、Cu、Si和Re等。Mg-Li-Al-Si合金中发现了少量的脆性棱状Mg$_2$Si颗粒，挤压后这些颗粒沿挤压方向被压碎，因此挤压后的合金的力学性能较Mg-Li-Al合金有所下降。而稀土的加入使合金的抗拉强度得到显著提高，但由于Al-RE化合物以及棱状Mg$_2$Si的形成，使Mg-Li-Al-Si-Re合金的塑性大幅度降低。Re和Ag的加入不仅使Mg-Li-Zn三元合金的强度显著提高，还能抑制MgLi$_2$Zn在时效过程中的分解，从而使该合金在经较长时间时效后仍能保持较高的强度。

3.4.4　Mg-Th系二元合金

3.4.4.1　相图

Mg-Th二元合金相图如图3-14所示。钍在镁中的最大固溶度为4.75%。由于合金偏析，合金仅含2%钍时，即存在离异共晶。Mg-Th共晶化合物的精确化学组成仍有待于进一步证实，目前有Mg$_{23}$Th$_6$和Mg$_4$Th两种表达式。当温度低于共晶温度时，还可能从镁固溶体中析出$Mg_{23}Th_6$或Mg_4Th化合物。Mg-Th合金的组织为α（Mg）固溶体和晶界分布的块状Mg_4Th（或$Mg_{23}Th_6$）共晶化合物。

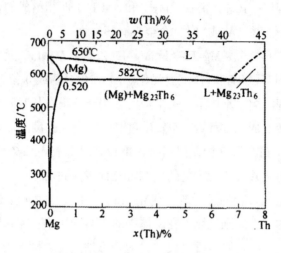

图3-14　Mg-Th二元合金相图

图3-15为镁-钍系二元合金相图的相分析详图。在589℃，钍含量为42%时，发生共晶反应，形成简单的二元共晶组织：α+Mg_4Th。在589℃时，钍在镁中的最大溶解度为4.5%，且随温度降低而减小，故Mg-Th合金是可以热处理强化的。

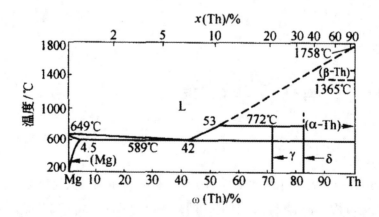

图3-15　镁-钍系二元合金相图的相分析详图

3.4.4.2 相结构及组成

以钍做主要合金元素的镁合金比含稀土的镁合金具有更高的耐热性。当前研究和应用得较多的镁钍系合金有镁–钍–锰、镁–钍–锆、镁–钍–锌–锆系。

化合物Mg_4Th是镁–钍合金的强化相，它有很高的热稳定性，在高温下不易软化，因而显著地提高了合金的耐热性。

不同钍含量对镁–钍合金力学性能的影响示于图3–16中。可以看出，当钍含量为3%时，合金的强度和塑性的综合性能最好，因此镁–钍系合金的钍含量一般在1.5% ~ 4.0%范围内。

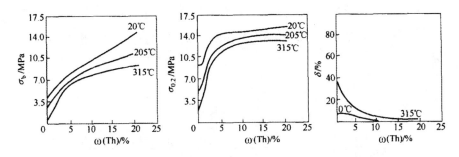

图3–16 钍含量对镁–钍合金室温及高温力学性能的影响

向镁–钍合金中加锰，不形成三元化合物，仅当锰含量较高时（ω（Th）/ω（Mn）≤5∶1）才有含锰相出现，这时合金的组织为$\alpha+Mg_4Th+Mn$。在常用的镁–钍系合金中，只有当锰含量超过0.5%~0.8%时，组织中才能出现含锰相。

向镁–钍合金中添加少量锆（0.5%~1.0%）能显著细化晶粒和提高合金的高、低温力学性能。再加入锌，能进一步提高合金的高温性能。

Mg-Th合金具有时效硬化效应。时效析出序列为：SSSS→β''→β'（Mg_2Th）→β（$Mg_{23}Th_6$）。

需要指出的是，β''可能直接转变为平衡β沉淀相，也可以先转变为中间过渡相β'，然后再转变为平衡β沉淀相。其中，β''为具有DO_{19}型超结构的密排六方沉淀相，可能具有Mg_3Th的化学组成，呈盘状，盘平行于$\{10\bar{1}0\}_{Mg}$，与基体完全共格；β′（Mg$_2$Th）与基体半共格，具有两种晶体结构，六方结构和面心立方结构；β（Mg$_{23}$Th$_6$）为过时效生成的平衡沉淀相，与基体之间的共格关系消失，面心立方结构，a=1.43 nm。

3.4.5　Mg–Ag系二元合金

3.4.5.1　相图

Ag的加入可以提高时效硬化效应，从而提高合金的力学性能。人们发现在Mg–RE–Zr合金中添加Ag可以大大提高合金的拉伸性能，在此基础上，开发了以Ag为主要添加元素的MgAg合金系。Mg–Ag 合金相图如图3–17所示。

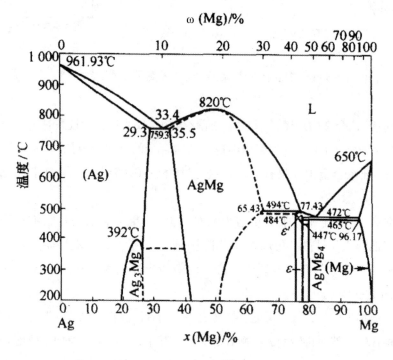

图3–17　Mg–Ag二元合金相图

3.4.5.2　相结构及组成

与以稀土为主要添加元素的Mg-RE-Zr系（Ag<2%；如EQ21A；其时效析出过程如前所述）不同，Ag含量较高的Mg-Ag RE（Nd）系合金的时效析出包括两个独立的析出序列，即SSSS→GP区→γ→$Mg_{12}Nd_2Ag$和SSSS→GP′区→β→$Mg_{12}Nd_2Ag$。

其中，GP区呈棒状，棒垂直于$(0001)_{Mg}$与基体完全共格；γ亦呈棒状，密排六方结构，a=0.963 nm，c=1.024 nm，与基体完全共格；$Mg_{12}Nd_2Ag$为平衡沉淀相，呈板条状，与基体之间的共格关系消失；GP′区呈椭球状，平行于$(0001)_{Mg}$，与基体完全共格。

β呈等轴状，密排六方结构，a=0.556 nm，c=0.521 nm，与基体半共格：

$$(0001)_{\beta}//(0001)_{Mg}$$
$$(11\overline{2}0)_{\beta}//(10\overline{1}0)_{Mg}$$

在时效过程中，是否同样存在DO_{19}超结构的析出相仍未得到证实，但某些特征表明γ相很可能就是具有DO_{19}超结构的析出相。Mg-Ag-RE合金的时效硬化峰值和最高蠕变抗力对应于γ相和β相的析出。此外，Ag的加入还细化了析出相的尺寸。在铸态或固溶不充分的Mg-Ag-RE合金中，还存在着Mg_9RE共晶化合物。

目前，应用最广泛的Mg-Ag铸造合金牌号为QE22A，已用于飞机变速箱等部件。QE22A合金具有很高的屈服强度，250℃以下的瞬时拉伸和疲劳性能也较高，200℃的蠕变性能与EZ33A相当，但这种合金在温度稍高时将发生过时效而使抗蠕变性能急剧恶化。如果以钍代替部分稀土，则可以进一步提高合金的高温性能。这类合金的典型牌号如QH21A铸造合金。QH21A合金的铸造性能与QE22A相似，室温性能稍高于QE22A，高温性能明显提高，其使用温度提高了30~40℃；在含钇合金开发以前，QH21A具有250℃下最佳的拉伸强度和蠕变抗力。但是由于钍具有放射性，与其他Mg-Th合金一样，该合金正逐步被废弃。

第4章 钛及其合金

钛在地壳中的丰度为0.56%（质量分数），在所有元素中居第10位。在过渡金属元素中，占第二位，仅次于铁，高于常见的锌、铅、锡、铜等。自然界中，含钛矿物有140多种，其中主要矿物有钛铁矿（$FeTiO_3$）、金红石（TiO_2）、钙钛矿（$CaTiO_3$）、钛磁铁矿和钒钛铁矿等。我国的钒钛铁矿储量居世界首位。钛从实现工业生产至今才五十多年，由于具有密度小、比强度高、耐腐蚀等一系列优异的特性，发展非常快，短时间内已显示出了它强大的生命力，成了航空航天、军事、能源、舰船、化工以及医疗等领域不可缺少的材料。1791年英国人W.Gregor在黑磁铁矿中发现了钛元素，1910年美国科学家M.Hunter使用钠还原$TiCl_4$制取了纯钛，1940年科学家W.J.Kroll用镁还原$TiCl_4$制得了纯钛，镁还原法和钠还原法成为生产海绵钛的工业方法，1948年杜邦公司首先开始工业化生产纯钛，推动了钛合金在诸多领域的应用，时至今日，钛与其合金的应用范围正在逐渐扩大。自20世纪60年代，特别是在80年代以来，国内外材料工作者在金属多孔材料方面做了大量的研究工作。研究发现，金属多孔材料除了具有金属材料的可焊性等基本的金属属性之外，由于大量的内部孔隙金属多孔材料表现出诸多优异的特性，如质量轻、比表面积大、能量吸收性好、导热率低（闭孔体）、换热散热能力高（通孔体）、吸声性好（通孔体）、渗透性优（通孔体）、电磁波吸收性好（通孔体）、阻焰、耐热耐火、抗热震气敏、能再生、加工性好等。随着应用领域的拓宽和应用环境要求的提高，出现了钛不锈钢等抗腐蚀、耐高温的粉末冶金多孔材料和特殊用途的多孔钨、锆及难熔金属化合物多孔材料。其中，多孔钛不仅具有普通金属多孔材料的特性，还具有密度小、比强度高、耐蚀性和良好的生物相容性等钛独具的优异性能，因此被广泛应用于航空、航天等军工部门及化工、冶金、轻工、医药等民用部门。自蔓延高温合成是近20年来发展非常迅速的材料制备新技术，可用来制备金属间化合物和复合材料，但采用自蔓延高温合成工艺只能制备出成分有限的多孔钛合金制品。与上述方法相比，粉末冶金法制备多孔钛的生产工艺简单、成本低，能控制制品的孔隙度和孔径，并且能够得到组织结构均匀的多孔钛。

4.1　钛及其结构

钛在元素周期表中位于第ⅣB族第四长周期中，原子序数为22。钛原子的22个外层电子在各电子层的分布为：$1s^2 2s^2 2p^6 3s^2 3p^6 3d^2 4s^2$，其特点是 d 电子层不充满，属于过渡金属。钛的相对原子质量是47.867，其主要的同位素相对原子质量有46、47、48、49、50，其相对原子质量为48的同位素在自然界中的相对含量最高，达到73.45%。纯钛的熔点为1 640~1 670 ℃。钛有两种同素异晶体即 α 相和 β 相，其同素异晶体转变温度为882.5 ℃；转变温度以下为密排六方结构（hcp）的 α 相，而在882.5 ℃以上为体心立方结构（bcc）的 β 相。α–Ti在25 ℃时的点阵常数为 $a=2.950\ 3 \times 10^{-10}$ m，$c=4.683\ 1 \times 10^{-10}$ m，$c/a=1.587\ 3$；β–Ti在25 ℃时的点阵常数为 $a=3.232\ 0 \times 10^{-10}$ nm。纯钛的密度为4.50 g/cm³。

4.1.1　晶体结构

在882 ℃时，纯钛发生同素异构转变，由较高温度下的体心立方晶体结构（β相）转变为较低温度下的密排六方晶体结构（α相）。间隙元素和代位元素对转变温度影响很大，因此，准确的转变温度取决于金属的纯度。α相的密排六方晶胞如图4-1所示。

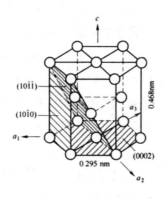

图4-1 α相晶胞

图中同时给出了室温下的晶格常数 a（0.295 nm）和 c（0.468 nm），α纯钛的 c/a 比是1.587，小于密排六方晶体结构的理想比例1.633。图4-1还表示出三个最密集排列的晶面类型：（0002）面，也称为基面；3个{1010}面之一，也称为棱柱面；6个（10$\overline{1}\overline{1}$）面之一，也称为棱锥面。a_1、a_2和a_3三个轴是指数为<1120>的密排方向。β相的体心立方晶胞（bcc）如图4-2所示，图中表示出一种6个最密集排列（110）的晶格面类型，给出了纯β钛在900 ℃时的晶格常数（a=0.332 nm）。密排的方向是四个<111>的方向。

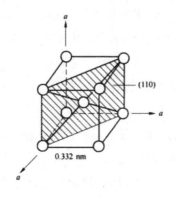

图4-2 β相晶胞

4.1.2 弹性特征

α相的密排晶体结构固有的各向异性特征对钛及钛合金的弹性有重要影响。室温下，纯α钛单个晶体的弹性模量E随晶胞c轴与应力轴之间的偏角γ变化的关系，反映出弹性模量E在145 GPa（应力轴与c轴平行）和100 GPa（应力轴与c轴垂直）之间变化。类似地，当在<1120>方向的（0002）或（1010）面施加剪切应力时，单个晶体的剪切模量G发生强烈变化，数值为34~46 GPa，而具有结晶组织的多晶α钛，其弹性特征的变化则没有那么明显。弹性模量的实际变化取决于组织的性质和强度。

对于多晶无组织α钛而言，随着温度的升高，其弹性模量E和剪切模量G几乎呈直线下降。其弹性模量E由室温时的约115 GPa下降到β转变温度时的约85 GPa，而剪切模量G在同一温度范围内由约42 GPa下降到20 GPa。

由于β相不稳定，故在室温下，无法测定纯钛β相的弹性模量。对于含充裕的β相稳定元素的二元钛合金，如含钒20%的Ti–V合金，通过急冷方式可以使亚稳态的β相在室温下存在。

弹性模量与成分的关系可以在含钒0~10%，10%~20%和20%~50%三种不同情况下进行讨论。当含钒量为20%~50%时，β相的弹性模量E值随含钒量的增加而升高，在含钒20%时的值最小，为85 GPa。β相的弹性模量通常比α相低。例外的是，当含钒15%时，弹性模量E最大，这与被称为非热w相的形成有关。对于含有β相稳定元素的钛马氏体，当含钒量从零增至10%时，弹性模量E急剧降低。含量的最大与最小值都与（α+β）相退火导致的弹性模量E消失有关，弹性模量E沿着（α+β）边界区域间的连线移动，其走向可根据混合原理推测。同样地，对于Ti–Mo，Ti–Nb和其他含有β相稳定元素的二元合金，其含量与弹性模量E也有相类似的关系。对于含有β相稳定元素（含量范围0~10%）的马氏体，其弹性模量值急剧下降的常规解释是：在载荷应力诱变马氏体过程中，因残留亚稳态β相的改变，从而导致了低弹性模量物质的出现，但研究表明，Ti–7Mo在弹性模量E只有72 GPa时，其组织为100%马氏体，并不含任何的残留亚稳态β相，因此，弹性模量的急剧下降似乎是直接受β稳定元素的严重影响，并降低了晶格间的结合力。

值得注意的是，一些该类合金的马氏体还显示出螺旋分解趋势，相反地，最常见的 a 稳定元素（铝）可增加 α 相的弹性模量。对固溶体而言，其含量与弹性模量 E 的关系无规律性。如在Ti-Al系中，它表现出规则排列的趋势，同时共价键在增加。

一般情况下，商用 β 钛合金的弹性模量 E 值比 α 钛合金和 $\alpha+\beta$ 钛合金的低，在淬火条件下，标准值为70~90 GPa。退火条件下，商用 β 钛合金的弹性模量 E 值为100~105 GPa；纯钛为105 GPa；商用 $\alpha+\beta$ 钛合金约为115 GPa。

4.1.3 形变模式

密排六方 α 钛合金的延展性，尤其在低温下，除受常规的位错滑移影响外，还受孪晶畸变活化的影响。这些孪晶模式对于纯钛和一些 α 钛合金的畸变很重要。尽管在两相 $\alpha+\beta$ 合金中，由于微晶、高掺杂物和析出Ti$_3$Al，孪晶几乎被抑制，但在低温下，因微晶的存在，这些合金具有很好的延展性。

体心立方的 β 钛合金除受位错滑移影响外，还受孪晶的影响，但在 β 合金中，孪晶只发生在单一相中，并且随掺杂物的增加而减少。将 β 钛合金热处理后，β 钛合金会因 a 粒子的析出而硬化，同时孪晶被完全抑制。这些合金在成型加工过程中，可能会出现孪晶。一些商用 β 钛合金也可形成畸形诱变马氏体，它可强化 β 钛合金的成型性。畸形诱变马氏体的形成对合金成分非常敏感。

4.1.3.1 滑移模式

关于密排六方晶胞 α 钛的不同滑移面和滑移方向，主要滑移方向是沿<1120>的三个密排方向。含 $\overline{a}$ 型伯格斯（Burgers）矢量型的滑移面为（0002）晶面，三个{1010}晶面和六个{1011}晶面。这三种不同的滑移面和可能的滑移方向能组成12个滑移系。实际上，它们可简化为8个独立的滑移系，并且还可减少到仅为4个独立的滑移系，因为由滑移系1和2（见表4-1）相互作用产生的形变，实际上与滑移系3是完全一致的，因此，如果Von Mises准则正确，那么一个多晶体的纯塑性形变至少需要5个独立的滑移系，一个具有所谓非伯格斯（Burgers）矢量滑移系的激活，或者是{0001}滑移方向的c型或是<1123>滑移方向的$c+a$型。

表4-1　密排六方α相中的滑移系

滑移系类型	伯格斯（Burgers）矢量类型	滑移方向	滑移面	滑移系数量	
				总数	独立系数量
1	a	<1120>	（0002）	3	2
2	a	<1120>	{1010}	3	2
3	a	<1120>	{1011}	6	4
4	$c+a$	<1123>	{1120}	6	5

　　$c+a$型位错的存在已通过TEM在许多钛合金中检测到。如果只是判断这种$c+a$型位错的存在，那么Von Mises准则是否正确不太重要，但是如果对多晶物质中的微粒施加与c轴同方向的应力，那么，要确定是哪一个滑移系被激活，这就需要借助Von Mises准则了。在此情况下，$\overline{a}$型伯格斯矢量滑移系和c型伯格斯矢量位错都不被激活，因为二者的Schmidt因子都为零。从具有$c+a$伯格斯矢量位错可能的滑移面看，{1010}滑移面是不能被激活的，因为它平行于应力轴，对于其他可能的滑移面（见图4-3），{1122}面比{1011}面更接近45°（具有更高的Schmidt因子）方向，假定两类滑移面的临界分切应力（CRSS）都相同，那么对于α钛，具有非伯格斯矢量滑移系中最可能被激活的是<1123>方向的{1122}滑移面。

　　实际上，在$c+a$滑移系和a滑移系中，临界分切应力（CRSS）的差别较大，在无组织的多晶α钛中，沿$c+a$滑移方向形成的微粒百分数是相当低的，因为即便在应力轴与c轴偏离大约10°的范围内，沿a滑移方向的激活也很容易。

　　临界分切应力（CRSS）绝对值的大小基本上取决于合金的组成和测试温度。室温下，具有基本（α型）伯格斯（Burgers）矢量的三种滑移系的临界分切应力（CRSS）差别很小，即{1010}<{1011}<{0002}，如温度升高，则这种差异更小。

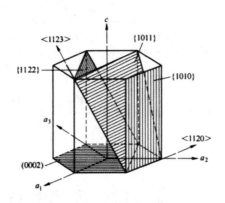

图4-3 密排六方 α 相中的滑移面和滑移方向

正如二元Ti-V合金所表示出的，体心立方（bcc）β 钛合金的滑移系是{110}、{112}和{123}，它们都具有<111>型的伯格斯（Burgers）矢量，这与通常观测到的体心立方（bcc）金属的滑移模式相一致。

4.1.3.2 孪晶形变

在纯 α 钛中，观察到的主要孪晶模式为{1012}、{1121}和{1122}。α 钛三种孪晶系的晶体要素列于表4-2。低温下，如应力轴平行于 c 轴，并且基于伯格斯（Burgers）矢量的位错不发生，那么，孪晶模式对塑性变形和延长性极为重要，此时，形变拉力导致沿 c 轴的拉伸，使{1012}和{1121}面的孪晶被激活。最常见的孪晶为{1012}型，但它们具有最小的孪晶切应力（见表4-1）。施加平行于 c 轴的压力载荷时，沿着 c 轴方向，受压的{1122}孪晶被激活。施加压力载荷后，在相对高的形变温度（即400℃）以上，也能观测到{1011}孪晶的形变。α 钛中，掺杂原子浓度的增加，例如氧、铝的增加，可抑制孪晶的生成，因此，在纯钛或在低氧浓度的纯钛（CP钛）中，孪晶的形变仅在平行于 c 轴的方向发生。

表4-2　α钛的孪晶形变要素

孪晶面（第一次未成形面）（K_1）	孪晶切应力方向（η_1）	第二次未成形面（K_2）	K_2（η_1）下的切应力截面方向	垂直于K_1和K_2的切应力面	孪晶的切应力等级
{1012}	<1011>	{1012}	<1011>	{1210}	0.167
{1121}	<1126>	{0002}	<1120>	{1100}	0.638
{1122}	<1123>	{1124}	<2243>	{1100}	0.225

4.2　钛及其合金的性能

钛及钛合金是一种很有前途的新型结构材料。例如，工业纯钛是制造化工设备、船舶用零部件和化工用热交换器等的优良材料。钛合金是制造大型运输机和超音速运输机叶片、火箭发动机壳体、人造卫星外壳、载人宇宙飞船船舱等的重要结构材料。钛及钛合金之所以越来越引人注目，是与它具有一系列优良的物理、化学性能和力学性能分不开的。

工业纯钛的密度为4.51 g/cm³，与人骨接近（HA的理论密度为3.16 g/cm³，六方晶系）。其中，具有密排六方点阵的α-Ti存在于882.5 ℃以下；具有体心立方点阵的β-Ti，存在温度介于882.5～1668 ℃。钛具有良好的塑性（延长率可达43%），其弹性模量为110 GPa，强度为390～680 MPa，高于HA陶瓷（强度为30～300 MPa）。与β-Ti相比，α-Ti具有优良的抗腐蚀性能。钛的毒性为零级，具有良好的骨诱导性能，因而具有优异的生物相容性，可用作人体植入材料。钛表面附着的氧化层主要为TiO_2，其介电常数 ε 为78.6，与水相近（78.4），这表明钛在水溶液中因极化而产生的静电力较小，也就是说，在体内，钛种植体表面吸附蛋白质分子的概率较小，从而抑制了钛与生物分子的反应活性，导致钛接近化学惰性。而Al和Ni可引起骨软化、贫血、神经系统功能紊乱等症状；Co和Cr对细胞吸附、碱性磷酸酶活性及钙合成均有一定的抑制作用，不宜用作骨内种植材料。据文献报道，第Ⅴ族元素都被认为具有毒性，尤其元素V在生物体内容易聚集在骨、肾、肝、脾等器官，毒性效应与磷酸盐生化代谢有关，并通过影响Na^+、K^+、Ca^{2+}等发生作用，其毒性超过Ni和Cr。因此，与传统的硬组织植入材料相比，钛材由于具有理想的生物相容性、优异的耐腐蚀性能、高的疲劳强度、低弹性模量，有望成为长效或永久植入人体最理想的金属生物材料。

4.2.1　钛及其合金的物理性能

钛是银白色金属，熔点为（1 668 ± 4）℃，沸点为（3 260 ± 20）℃，其相对密度为4.54，比铝重，但比钢轻43%。钛及钛合金的强度相当于优质钢，因此钛及钛合金比强度很高，是一种很好的热强合金材料。良好的物理性质使钛合金在很多方面都有不可替代的优势。钛的一些主要物理性质见表4-3，光学特性见表4-4。

表4-3　钛的主要物理性质

原子量		47.88
熔点t/℃		1 660
密度 ρ/(g/cm)	20 ℃时（α-Ti） 900 ℃时（β-Ti） 1 000 ℃时 1 660 ℃（熔点）时	4.51 4.32 4.30 4.11 ± 0.08
沸点t/℃		3 302
熔化热Q/（kJ/mol）		15.2～20.6
固体β-T蒸气压与温度的计算公式		$\lg P^{\ominus} = 1418 - 3.23 \times 10^5 T^{-1} - 0.030\,6T$ （1 200～2 000 K）
熔融钛蒸气压与温度的计算公式		$\lg P^{\ominus} = 1215 - 2.94 \times 10^5 T^{-1} - 0.030\,6T$ (熔点～沸点)

续表

汽化热Q/（J/mol）	422.3～463.5
纯钛的热导率 λ 与温度t（℃）的关系式λ/[W/（m·K）]	$\lambda=26.75 - 32.8\times10^{-3}t + 8.23\times10^{-5}t^2$ $-9.70\times10^{-8}t^3 + 4.60\times10^{-11}t^4 (t>0℃)$
工业纯钛的热导率 λ 与温度t（℃）的关系式λ/[W/（m·K）]	$\lambda=17.6 - 4.60\times10^{-3}t + 1.47\times10^{-5}t^2$ $+4.18\times10^{-12}t^4 (t>0℃)$
磁化率 χ_m /（m³/kg）	9.9×10^{-6}

表4-4　钛的光学特性

光学性质和名称	入射波长λ/Å							
	4 000	4 500	5 000	5 500	5 800	6 000	6 500	7 000
反射率ε/%	53.3	54.9	26.6	57.05	57.55	57.9	59.0	61.5
折射指数	1.88	2.10	2.325	2.54	2.65	2.67	3.03	3.30
吸收系数	2.69	2.91	3.13	3.34	3.43	3.49	3.65	3.81

为便于比较，表4-5列出了钛和钛合金与铁、镍、铝等金属结构材料的相关性质。

表4-5　钛和钛合金与铁、镍、铝等金属结构材料性质的比较

项目	Ti	Fe	Ni	Al
熔点/℃	1 660	1 538	1 455	660
相变温度/℃	882	912	—	—
晶体结构	体心立方→六方晶系	面心立方→体心立方	面心立方	面心立方
室温E/GPa	115	215	200	72
屈服应力水平/MPa	1 000	1 000	1 000	500
密度/（g/cm³）	4.5	7.9	8.9	2.7
相对抗蚀性	极高	低	中	高
与氧的相对反应性	极快	低	低	快
相对价格	极高	低	高	中

4.2.2　钛及其合金的化学性能

钛单质热力学上很活泼，但因表面钝化，在常温下极稳定，不与O_2、X_2、H_2O及强酸（包括王水）和强碱等反应。但高温时钛相当活泼，可与许多元素和化合物发生反应。钛的盐类众多，主要有钛盐，如正硫酸钛、硫酸氧钛、硝酸钛等；钛酸盐，如钛酸钾、钛酸锶、钛酸铅、钛酸锌、钛酸镍、钛酸镁、钛酸钙、钛酸钡、钛酸锰、钛酸铁、钛酸铝等；卤钛酸盐，如六氟钛酸钠、六氟钛酸钾、六氯钛酸钾、六氯钛酸钠等。钛的有机化合物种类繁多，主要分为钛酸酯及其衍生物、有机钛化合物、含有机酸的钛盐或钛皂三类。

4.2.2.1　腐蚀行为

在金属的电位序中，钛的标准电位为-1.63 V，与铝相近，因而，钛本质上不能看作是一种贵金属，但在大多数环境下，钛有优异的耐蚀性能则是众所周知的，这是因为在其表面会形成一层由TiO_2组成的稳定保护膜。只要保护膜保持完整，通常，在大多数的氧化环境中，例如盐溶液（包括氯化物，次氯酸）、硫酸盐和亚硫酸盐或硝酸和铬酸溶液中，钛表面都处于钝化状态。另外，钛在还原环境中并不耐腐蚀，此时自然形成的氧化膜会被破坏，因此，钛在还原环境中，如在硫酸、盐酸、磷酸中的耐腐蚀性并不好。例如，钛在氢氟酸中的溶解速度很快，这主要是因为这种酸会破坏氧化层，使金属钛暴露而发生反应，这也就是为什么在钛生产过程中，采用HF–HNO_3的混合物，通过化学反应来酸洗钛的原因。商业上，钛在许多还原气氛下使用时，可以通过添加抑制剂（氧化剂）来改善钛氧化膜的稳定性和完整性。

在室温下的流动海水中，钝化后的钛非常耐腐蚀，其电位与哈氏合金（Hastelly）、因康（Inconel）合金、蒙奈尔（Monel）合金和钝化奥氏体不锈钢相接近。此外，钛通常不含有氧化物、碳化物和硫化物，因此，钛比上面提到的这些材料都具有更好的抗腐蚀性。（$\alpha + \beta$）钛合金和β钛合金也具有非合金钛的优异耐腐蚀性能。从经济角度（成本、成型性、可焊性）出发，在不要求较高强度的情况下，各个等级的商业纯钛（CP钛）是首选。在还原性酸中，2级商业纯钛（CP钛）的耐蚀性可通过添加少量的贵金属而明显改善。

由于钛的钝化电位低，钝化能力强，在常温下金属表面极易形成由氧化物和氮化物组成的钝化膜，它在大气及许多介质中非常稳定，从而使钛及钛合金具有很好的抗蚀性。实践表明，钛不仅在大气、潮气或其他含氧酸中具有优秀的抗蚀性，而且在海水和湿氯气中均有优良抗蚀性。例如，某冷凝管，在污染的海水中试验16年之后，尚未出现腐蚀现象。

钛在空气中长时间暴露后会略微发暗，但不会生锈。钛是很活泼的金属，很容易和氧、氮、氢、碳等元素起反应，特别是钛在高温下具有高度的化学活性。经过氧化处理的钛，由于氧化膜结构厚度的变化，钛会呈现出各种美丽的色彩。钛在550 ℃以下空气中能形成致密的氧化膜，并具有较高的稳定性，即使氧化膜遭到机械破坏，也会很快自愈或再生，表明钛是具有强烈钝化倾向的金属。但温度高于550 ℃后，空气中的氧能迅速穿过氧化膜向内扩散使基体氧化，这是目前钛及钛合金不能在更高温度下使用的原因之一。

钛耐蚀性优良，特别是对氯离子具有很强的抗蚀能力。这是因为在钛表面易形成坚固的氧化钛钝化膜，膜的厚度为几十纳米到几百纳米。钛在有机化合物中，除温度较高下的5种有机酸（甲酸、乙酸、草酸、三氯乙酸和三氟乙酸）外，都有非常好的稳定性，是石油炼制和化工中优良的结构材料。钛属活性金属，有良好的吸气性能，是炼钢中优良的脱气剂，能化合钢冷却时析出的氧和氮。钢中加入少量的钛（$s<0.1\%$）可使钢坚韧而富有弹性。

钛最突出的特性是对海水的抗腐蚀性很强，在大多数情况下，具有极好的耐蚀性。同不锈钢、铝、钢、镍相比，钛具有优异的抗局部腐蚀性能。钛在海水中的抗腐蚀性与其他金属的对比如表4-6所示。

表4-6 各种材料在海水中的相对耐蚀性

材料类型 相对耐蚀性 腐蚀类型	海军黄铜	铝黄铜	90-10Cu-Ni	70-30Cu-Ni	不锈钢	钛
均匀腐蚀	2	3	4	4	5	6
磨蚀	2	2	4	5	6	6
点蚀（运转中）	4	4	6	5	6	6
点蚀（停止中）	2	2	5	4	1	6
高速流水	3	3	4	5	6	6
入口磨蚀	2	2	3	4	6	6
蒸汽腐蚀	2	2	3	4	6	6
应力腐蚀	1	1	6	5	1	6

腐蚀环境和施加的应力可能会引起一些重要力学性能的降低。如果形核破裂延伸到试件表面，那么，拉伸力肯定会减小，延伸到表面的裂纹会传递到一定的载荷条件下（应力腐蚀裂纹），疲劳载荷时，相对于中性环境，表面裂纹能扩散和在低应力下广泛传递（腐蚀疲劳）。

氢是扩散最快的元素，也是对应力作用环境最有害的物质（氢脆）。通常，氢有两种可能的来源，即材料的内部含氢和从环境的外部吸氢。钛内部含氢的影响可通过严格限制含氢量而得到很好的控制，然而，目前牵涉到与氢相关的问题仍会发生在材料的尖锐断口处。

如果表面的滑移梯度高于氧化膜保护层的厚度，那么，外部环境下的氢可通过位错移动迅速进入材料内部，此时，滑移带内的氢浓度能达到很高的水平，致使滑移带内的应力断口被还原，导致早期形核破裂和裂纹扩展。对于密排六方α相，这种由氢诱导的裂纹在基面上发生是很明显的，而对于（α+β）钛合金，其对晶体织构的明显影响，致使相关的力学性能呈数量级显著降低也是很明显的。裂纹为何完全沿基体面发生的原因尚不清楚，相对于α和（α+β）合金而言，β钛合金对氢脆则不那么敏感，尤其是在退火条件下，这可能得益于时效条件下较高的 α 相体积分数的减小。与 α 合金相比，β 合金的高耐氢性，还得益于 β 基体的体心立方晶体结构和氢在 β 相的较高固溶度。

4.2.2.2 氧化性

钛暴露于空气中形成氧化物 TiO_2，它是四方晶系的金红石晶体结构。氧化层通常称为"膜"，它是一种多类型的阴离子缺陷氧化物，通过氧化层，氧离子能够扩散。反应前沿位于金属/氧化物界面，"膜"不断长大，进入钛基体材料。钛快速氧化的驱动力是钛对氧有很高的化学亲和力，此亲和力比钛对氮的化学亲和力高。在氧化反应过程中，钛对氧的高亲和力和氧在钛中的高固溶度（约14.5%），促使了"膜"和临近基体富氧层的同时形成。由于富氧层是连续稳定 α 相的氧化层，故它被称为 α-块。增加的氧含量强化了 α 相，改变了 α 钛的形变行为，使其从波纹状滑移到平面滑移模式转变，因此，硬的、较小延展性的 α-块在拉伸载荷下易形成表面裂纹。在疲劳荷载条件下表面局部的低延展性和大的滑移相互作用，引起整体延展性的降低或早期形核裂纹，因此，传统钛合金的高温应用范围被限制在低于约550 ℃。在550 ℃以下，通过"膜"（氧化层）的扩散速度是很慢的，这足以阻止过量的氧溶解在大块材料中，避免了毫无意义的 α 块的形成。

为了减小氧通过"膜"的扩散速度，研究不同的合金添加元素，结果发现，添加Al、Si、Cr（大于10%）、Nb、Ta、W和Mo等能改善其特性。这些元素或形成热力学稳定氧化物（Al、Si、Cr），或具有化合价大于4的化合物，如Nb^{4+}。通过置换TiO_2结构中的Ti^{4+}，膜减少了阴离子所占空位的数量，因此也就降低了氧的扩散速度。β 合金有很高的抗氧化性，但它的高温强度和抗蠕变性都较低，但可在较低扩散速度下，通过增加铝的含量改善其性能，因为铝能形成一个致密的、热力学上稳定的 α-Al_2O_3 氧化物，结果在TiO_2表面氧化层下方，"膜"由TiO_2、Al_2O_3等多种不同的混合物组成。在"膜"中增加Al_2O_3的体积分数，能够提高钛-铝化合物（例如Ti_3Al或 γ-TiAl基合金）的抗氧化性。Al_2O_3的数量随铝浓度的增加而增加，Al摩尔分数约在40%时，Al_2O_3层变成连续的，其结果是 γ-TiAl表现出比Ti_3Al基合金具有更好的抗氧化性。这是因为，高温下TiO_2在钛合金中并不稳定；Al_2O_3层在

Ti_3Al表面并不连续，而Al_2O_3层在γ–TiAl中表面是连续的，并且在更高温度下是稳定的。这种抗氧化性的改善可用于开发传统的表面涂层钛合金，如IMI 834，它在550 ℃以上仍可应用。在正常的大气空气环境下，所有钛合金都能抗着火和抗燃烧，但在特殊条件下，例如，在飞机发动机的汽轮压缩机（高压、高速气体）情况下，许多钛合金都可着火和燃烧，这些特殊性质将在后面详细讨论。

4.2.3　钛及其合金的力学性能

工业中应用的纯钛均含一定量的杂质，称为工业纯钛。人们通过在纯钛中添加杂质元素，使钛的性能得到提高，按在晶格中存在形式区分，杂质元素与钛可形成间隙式或置换式固溶体。加工工艺可以使材料的性能达到很好的平衡。例如，工业纯钛退火后的抗拉强度（550~700 MPa）约为高纯钛的（250~290 MPa）的两倍。纯钛的强度不高，塑性很好，其力学性能为σ = 220~260 MPa，$\sigma_{0.2}$ = 120~170 MPa，δ = 50%~60%，φ = 70%~80%。如此优良的塑性变形能力对于密排六方结构的金属来说是罕见的，这可能与钛的c/a比值低有关。在钛中，因为c/a值低，除了在底面{0001}外，在{1010}棱柱面和{1011}棱锥面上，也都会产生滑移，成为有效的滑移系统。另外，孪晶对塑性变形的作用，在钛中比在其他密排六方晶格金属（如镁、锌和锆）中重要得多。钛中可利用的孪晶面较多，主要孪晶面有{1012}、{1121}和{1122}。

4.2.3.1　纯钛的力学性能

钛合金的比强度高于其他金属材料，多数钛合金屈强比趋于0.70~0.95上限，纯钛和某些钛合金具有良好高温性能和低温性能。钛在高温下仍能保持比较高的比强度，作为难熔金属，钛熔点高，随着温度的升高，其强度逐渐下降，但是其高的比强度可以保持到550~600 ℃。适当合金化后，高温钛合金长期使用温度已达600 ℃；用于航空发动机的高压压气机部件，蒸汽透平机的转子及其他高温工作的部件。美国战斗机的用钛量由20世纪50年代的2%上升到20世纪90年代的41%（F–22）。重型轰炸机B₁–B的单机用钛量约90 t。钛合金是航空材料中不可缺少的重要材料，在未来具有很大的发展空间。

在低温下，钛仍然有良好的力学性能，强度高，可保持良好的塑性和韧性。陈鼎等对钛与钛合金的力学性能测试表明，钛和钛合金随着温度降低，强度性能大幅度提高，但延伸率、冲击韧性和断裂韧性下降，而高循环次数疲劳寿命特性有所提高。钛在550 ℃以下抗氧化能力好。这是因为钛在550 ℃以下能与氧形成致密的氧化膜，与基体结合紧密，有良好的保护作用。钛在固态下具有同素异构转变，在882.5 ℃以下为α–Ti，具有密排六方晶格；在882.5 ℃以上直至熔点为β–Ti，具有体心立方晶格。由于α–Ti结构中的c/a比值（1.587）略小于密排六方晶格的理想值1.633 3，具有多个滑移面及孪晶面，α–Ti仍有良好的塑性。密排六方的α–Ti与体心立方的β–Ti的晶体结构示意图如图4–4所示。

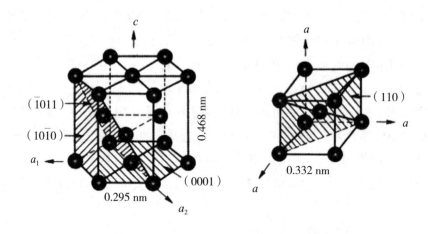

（a）密排六方的α–Ti　　　（b）体心立方的β-Ti

图4–4　密排六方的α–Ti与体心立方的β–Ti的晶体结构示意图

表4–7和表4–8分别给出了纯钛的室温和低温力学性能。

表4-7　纯钛的室温力学性能

性能	高纯钛	工业纯钛	性能	高纯钛	工业纯钛
抗拉强度R_m/MPa	250	300～600	正弹性模量E/MPa	108×10^3	112×10^3
规定塑性延伸强度$R_{p0.2}$/MPa	190	250～500	切变弹性模量G/MPa	40×10^3	41×10^3
断后伸长率A/%	40	20～30	泊松比μ	0.34	0.32
断面收缩率Z/%	60	45	冲击韧度a_k/（MJ/m^2）	≥2.5	0.5～1.5
体弹性模量K/MPa	126×10^3	104×10^3			

表4-8　纯钛的低温力学性能

温度/℃	抗拉强度R_m/MPa	规定塑性延伸强度$R_{p0.2}$/MPa	断后伸长率A/%	断面收缩率Z/%
20	520	400	24	59
196	990	750	44	68
−253	1 280	900	29	64
−269	1 210	870	35	58

4.2.3.2　钛合金的力学性能[1]

钛在承受载荷时可能会以滑移或孪晶的形式发生塑性变形，也可能产生解理断裂，这主要取决于所受应力是否超过相应临界值。由于孔隙的存在，极易在垂直于加载方向的平面内产生应力集中，使其局部承受的应力远大于通过有效面积计算获得的理论值。研究表明，与其他多孔金属或多孔骨相似，多孔钛的杨氏模量和强度随孔隙度的增大而降。

Gibson-Ashby模型将多孔体抽象地表征为具有立方结构的孔隙单元的集合体，这些孔隙单元是由12根相同的孔隙棱柱（孔棱，孔筋）构成的立方格

[1] 李伯琼. 多孔钛的微观结构与性能研究[D]. 大连：大连交通大学, 2011.

子，其中每根孔棱均由连接棱（连接筋）相连接。连接点处于孔棱的中点，连接棱的方向与孔棱垂直。这些立方构架的孔隙单元通过这种连接棱相互连接在一起，就构成了开孔多孔体的整体。根据对称操作，该模型的孔隙单元和结构单元均实现了结构均匀和三维各向同性。当对多孔材料施加单向应力时：

$$\frac{K}{K_0} = C\left(1-\varepsilon\right)^t \tag{4-1}$$

式中，c是由实验决定的包括所有几何比例的常数；ε代表孔隙度。若分析多孔体弹性模量与孔隙度的关系，K和K_0分别为多孔体及孔壁材料的模量（压缩和拉伸实验为杨氏模量E_0，弯曲实验则为剪切模量G_0），t取2；若分析多孔体破坏强度与孔隙度的关系，K和K_0分别为多孔体及孔壁材料的强度σ和σ_0，t取1.5。

Mori-Tanaka模型是用来描述微观结构与力学性能关系的一种平均场理论，该模型建立在复合材料中异性内含物的平均弹性能和基体材料的平均内应力之上的，这种内应力不依赖于平均处理效应的控制方位，为局部起伏应力之和。异性内含物的平均弹性能也考虑到了内含物之间的相互作用和自由界面的存在。Mori-Tanaka模型可以应用在由各向异性弹性基体和具有均衡或任意分布的椭圆体内含物相构成的复合材料中。对于多孔材料，研究者把其看作是孔隙和基体金属的两相复合体，把孔隙当作孤立夹杂物进行处理，并引入常数k。当第二相为孔隙时，则孔隙度与力学性能的关系为

$$\sigma = \sigma_0(1-\varepsilon)/(1+k\varepsilon) \tag{4-2}$$

式中，σ是多孔体的破坏强度或模量；σ_0是多孔体孔壁材料的强度或模量；ε代表多孔体的孔隙度。k由实验确定，是与材料的制备工艺及孔隙结构有关的常数，当孔隙为球形，$k\approx 5/3$。

对多孔钛（孔隙度为15%）的孔隙尺寸、分布和压缩应力应变曲线进行模拟，证明孔隙尺寸及其分布是影响其力学行为的主要因素之一。在此基础上，采用一种因子实验设计（DOE）方法，分析了孔隙尺寸、形状、取向、

排列和骨渗透五个影响因子对多孔钛（孔隙度为12%）力学行为的影响。研究发现，与孔隙尺寸和形状相比较，骨渗透、孔隙排列及取向因素对力学行为的影响更大。由于DOE模型只分析因子对性能影响的重要性，并未研究因子之间的互相影响，也不能定量澄清单个因子对某一性能的具体影响规律。

（1）铸造钛合金的力学性能。表4-9和表4-10分别为铸造钛合金力学性能和航空用铸造钛合金的力学性能。

表4-9　铸造钛合金力学性能（GB/T 6614—2014）

代号	牌号	抗拉强度 R_m/MPa不小于	规定塑性延伸强度$Rp_{0.2}$/MPa 不小于	伸长率 A/%不小于	硬度HBW 不大于
ZTA1	ZTi_1	345	275	20	210
ZTA2	ZTi_2	440	370	13	234
ZTA3	ZTi_3	540	470	12	245
ZTA5	$ZTiAl_4$	590	490	10	270
ZTA7	$ZTiAl_5Sn_{2.5}$	795	725	8	335
ZTA9	$ZTiPd_{0.2}$	450	380	12	235
ZTA10	$ZTiMo_{0.3}Ni_{0.8}$	483	345	8	235
ZTA15	$ZTiAl_6Zr_2Mo_1V_1$	885	785	5	—
ZTA17	$ZTiAl_4V_2$	740	660	5	—
ZTB32	$ZTiMo_{32}$	795	—	2	260
ZTC4	$ZTiAl_6V_4$	835（895）	765（825）	5（6）	365
ZTC21	$ZTiAl_6Sn_{4.5}Nb_2Mo_{1.5}$	980	850	5	350

注：括号内的性能指标为氧含量控制较高时测得。

表4-10 航空用铸造钛合金的力学性能

牌号	技术标准	状态	室温力学性能				高温力学性能		
			R_m/MPa	$R_{p0.2}$/MPa	A/(%)	硬度 HBW	温度/℃	R_m/MPa	$R_{p0.2}$/MPa
			≥			≤			
ZTA1	GJB 2896A—2007	退火	345	275	12	—	—	—	—
ZT2	HB 5447A—1990	退火	760	700	5	310	300	410	400
ZTC3	GJB 2896A—2007	退火或热等静压	930	835	4	—	500	570	—
ZT4	HB 5447—1990	退火或热等静压	835	765	5	321	350	500	490
ZT4-1	HB 5447—1990	退火或热等静压	890	820	5	341	350	500	490
ZTC5	GJB 2896A—2007	退火或热等静压	1 000	910	—	—	—	—	—
ZTC6	GJB 2896A—2007	退火或热等静压	860	795	—	—	—	—	—

（2）变形钛合金的力学性能。

α＋β钛合金兼有α钛合金和β钛合金的优点，即具有良好的热加工性，还可以经过热处理提高强度。随着α相的增加，加工性能变差；而随着β相的增加，焊接性变差。其退火状态韧性高，热处理状态比强度大，硬化倾向大，其力学性能可以在较大范围内变化。表4-11是我国钛及其合金板材的力学性能。

表4-11 我国钛及其合金的力学性能

牌号		状态	板材厚度/mm	抗拉强度 R_m/MPa	规定塑性延伸强度$R_{p0.2}$/MPa	断后伸长率/ A（%），≥
TA1		M	0.3～25.0	≥240	140～310	30
TA2		M	0.3～25.0	≥400	275～450	25
TA3		M	0.3～25.0	≥500	380～550	20
TA4		M	0.3～25.0	≥580	485～655	20
TA5		M	0.5～1.0 >1.0～2.0 >2.0～5.0 >5.0～10.0	≥685	≥585	20 15 12 12
TA6		M	0.8～1.5 >1.5～2.0 >2.0～5.0 >5.0～10.0	≥685	—	20 15 12 12
TA7		M	0.8～1.5 >1.6～2.0 >2.0～5.0 >5.0～10.0	735～930	≥685	20 15 12 12
TA8		M	0.8～10	≥400	275～450	20
TA8-1		M	0.8～10	≥240	140～310	24
TA9		M	0.8～10	≥400	275～450	20
TA9-1		M	0.8～10	≥240	140～310	24
TA10	A类	M	0.8～10	≥485	≥345	18
	B类	M	0.8～10	≥345	≥275	25
TA11		M	5.0～12.0	≥895	≥825	10
TA13		M	0.5～2.0	540～770	460～570	18
TA15		M	0.8～1.8 >1.8～4.0 >4.0～10.0	930～1 130	≥855	12 10 8

续表

牌号	状态	板材厚度/ mm	抗拉强度 R_m/MPa	规定塑性延伸 强度$R_{p0.2}$/MPa	断后伸长率/ A（%），≥
TA17	M	0.5～1.0 >1.1～2.0 >2.1～4.0 >4.1～10.0	685～835	—	25 15 12 10
TA18	M	0.5～2.0 >2.0～4.0 >4.0～10.0	590～735	—	25 20 15
TB2	ST STA	1.0～3.5	≤980 1 320	—	20 8
TB5	ST	0.8～1.75 >1.75～3.18	705～945	690～835	12 10
TB6	ST	1.0～5.0	≥1 000	—	6
TB8	ST	0.3～0.6 >0.6～2.5	825～ 1 000	795～965	6 8
TC1	M	0.5～1.0 >1.0～2.0 >2.0～5.0 >5.0～10.0	590～735	—	25 25 20 20
TC2	M	0.5～1.0 >1.0～2.0 >2.0～5.0 >5.0～10.0	≥685	—	25 15 12 12
TC3	M	0.8～2.0 >2.0～5.0 >5.0～10.0	≥880	—	12 10 10
TC4	M	0.8～2.0 >2.0～5.0 >5.0～10.0 10.0～25.0	≥895	≥830	12 10 10 8
TC4ELI	M	0.8～25.0	≥860	≥795	10

注：①厚度不大于0.64 mm的板材，伸长率报实测值。
②正确供货按A类，B类适应于复合板复材；当需方要求并在合同中注明时，按B类供货。

4.2.3.3 钛及其合金的疲劳性能

材料的疲劳性能是材料在循环载荷条件下的行为。损伤的累积过程通常划分为疲劳裂纹萌生和疲劳裂纹扩展两个阶段。钛的疲劳性能特点与钢类似，有比较明显的物理疲劳极限。纯钛的对称旋转弯曲疲劳极限约为 $(0.4\sim0.6)$ σ_h，反复弯曲疲劳极限为 $(0.6\sim0.8)$ σ_b。影响钛合金疲劳性能的因素有很多，包括合金的化学成分、显微组织、环境、试验温度以及承载条件，如载荷幅度、载荷频率、载荷顺序或平均应力等。一般来说，钛合金抵抗疲劳裂纹萌生的能力随其显微组织的粗化而逐渐降低，也就是说，细小等轴状组织的疲劳强度高于粗大层片状组织。通过热加工处理获得的极其细小的等轴组织具有最高的疲劳强度，而铸态的粗大层片状组织的疲劳强度最低。因此，可以通过合适的热处理使合金的疲劳性能得到提高。

4.3 钛合金组织结构

对于钛合金材料来说，"工艺"是指材料的热加工工艺和热处理工艺，通过热加工和热处理工艺，设计和调整合金的显微组织结构，使得合金具有所需要的力学性能，这就是所谓的"工艺"决定"组织结构"，"组织结构"决定"力学性能"，也就是合金工艺、组织、性能的关系。对于它们关系的理解，首先需要对合金的显微组织结构有一个清楚的认识，只有清楚认识显微组织结构，合金的工艺论述才有基础。有目的地选择不同的热加工、热处理工艺，构造出不同的显微组织结构，并最终获得所需要的具有不同力学性能优势的材料，是钛合金材料工程应用的一般规律。

4.3.1　钛合金组织结构的理解

从对钛合金组织描述来说，目前都倾向于使用一个英文词汇microstructure，翻译成中文为"显微组织结构"。实际上，这个词应该包含两层含义，其一是组织形态，可以选用单独的词汇image来表示，它表示的是一种图像、影像，反映的是形态（morphology），对它的判断带有一定的主观性，只有定性的描述，没有精确、科学的定义。microstructure的第二层含义是"结构"，英文词汇为structure，这个词描述的是显微组织中的相（phase），提到这个词，想到的是晶格结构、原子位置、原子排列方式的不同，构成不同的晶格，形成不同的相，对它的描述准确、科学，没有任何似是而非的东西。所以，对于钛合金组织结构的理解，也可以分为两个层次，其一是钛合金的组织形态，其二是钛合金中的相。

钛合金的主要专有名词如下：

初生 α 相（primary α）：从 $\alpha + \beta$ 相区上部加热保留下来的 α 相。一般初生 α 相多呈等轴状，而等轴状的 α 相几乎都是初生 α 相。

次生 α 相（secondary α）：从 $\alpha + \beta$ 相区上部加热，冷却和时效过程中 β 相分解产生的 α 相。

一般次生 α 相多呈片层状，长宽比较大。

初生 α 相和次生 α 相典型形貌如图4-5所示。

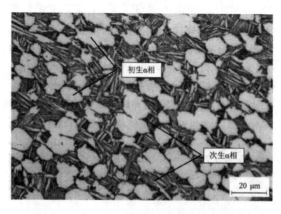

图4-5　初生 α 相和次生 α 相的典型形貌

原始β晶粒（prior β grain）：最后一次进入到β相区时形成的β晶粒，这些晶粒可能会在β转变点以下的加工时变形。

转变组织（transformed β structure）：从β转变点以上或α+β相区保温冷却过程中β相分解所形成的混合组织，通常由片状α和β交替排列组成。

集束（colonies）：在原始β晶粒内，α片取向几乎相同的区域。不同方向的集束相互交错，构成了β转变组织。

原始β晶粒、转变β组织和集束的典型形貌如图4-6所示。

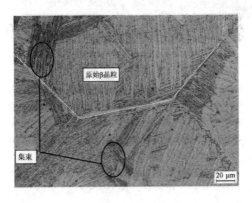

图4-6　原始β晶粒（虚白线所划部分）、转变β组织和集束的典型形貌

（原始晶粒内组织）

4.3.2　钛合金的组织形态

钛合金的组织形态是通过光学显微镜或扫描电子显微镜成像，反映样品表面特征信号的影像。由于其是影像，不涉及结构和成分，所以对组织形态的判定具有主观性。目前，对钛合金的组织形态的描述都是以a相的形态和含量为基础的。典型的组织形态已经约定成俗。常见的表述有等轴组织、双态组织、网篮组织、片层组织、魏氏组织、三态组织和混合组织等。典型的组织形态是等轴组织、双态组织、网篮组织和片层组织，如图4-7所示。

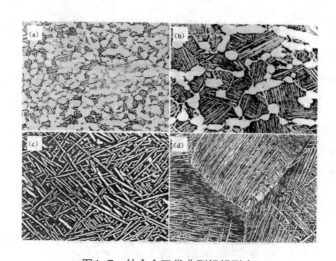

图4-7　钛合金四类典型组织形态

（a）等轴组织；（b）双态组织；（c）网篮组织；（d）片层组织

等轴组织（equiaxed structure）：是由等轴状的α相+β转变组织构成，其特征是等轴相含量超过40%。这里的"等轴α"实际是α相形态的一种统称，其具体形态包括球形、椭圆形、橄榄形、棒槌形、短棒形等多种形态。可以看出，该组织形态的命名是以特征α相的含量（α等>40%）和形态（等轴或近似等轴）为区别特征命名的，是目前钛合金应用最为广泛的组织形态之一。

双态组织（bimodal structure）：是由等轴状的　相+β转变组织构成，其特征是等轴α相含量为30%左右。和等轴组织定义相似，"等轴α"实际形态包括球形、椭圆形、橄榄形、棒槌形、短棒形等多种形态。可以看出，等轴组织和双态组织的唯一区别是等轴α相的含量。如果等轴α相含量较少，低于等轴组织含量范围，就可以称为双态组织。由于双态组织中，等轴α相、β转变组织中的α片层及残余β片层都有相当的含量，特别是等轴α相和β转变组织中的α片层呈现一定的均势，所以有时也被称为混合组织。

网篮组织（basket weave structure）：网篮组织完全由β转变组织构成，等轴α相的含量为零。其特征是α片层具有较小的纵横比且交错排列，具有网篮编织状形态，原始晶界β得到破碎。网篮组织的定义是钛合金组织形象化定义的一个典型例子，根据所展示的形态进行形象化的说明。

片层组织（lamellar structure）：片层组织完全由β转变组织构成，等轴α相的含量为零。其特征是原始β晶粒完整，β晶粒中的α相以片层状为主，整齐平直排列，在β晶粒中存在集束。

组织形态是钛合金显微组织结构的基础，其对合金的力学性能起决定性作用。目前，钛合金组织形态常用的检测方法有光学显微镜和扫描电子显微镜。光学显微镜（optical microscope，OM）又称金相显微镜，成像原理为入射光垂直或近似垂直地照射在试样表面，利用试样表面反射光线进入物镜成像，造成相衬的主要原因是试样表面对光线反射能力的不同，所以应用光学显微镜对试样的组织形态分析必须对试样进行腐蚀。合金中α、β相以及它们的界面由于抗腐蚀能力的不同造成反射能力的不同，从而显示相应的形貌。扫描电子显微镜（scanning electron microscope，SEM）对形貌的观察和光学显微镜相似，其可以进行较大倍数的观察。

4.3.3　钛合金中的相

在钛合金中，除最基本的两个相α和β外，比较常见的相还有马氏体α'、马氏体α''、ω、β'和α_2相。其中α、α'、$''$、ω、$\hat{a}'$、β属于同素异构相，它们之间的转变为同素异构相变。α_2（Ti_3Al）是一个共析相，广泛存在于耐热钛合金的组织中。以下对钛合金典型相进行简单说明。

α'相（α prime/hexagonal martensite phase）：β相以非扩散转变形成的过饱和非平衡六方晶格α相。形态为针状，长宽比高。由于其形核不依赖于位置，形成的马氏体针常常交错排布，终止于晶界。

α''相（α double prime/orthorhombic martensite phase）：由β相以非扩散转变形成的过饱和非平衡斜方相，也可能是由于加工应变而引起的。一般认为α''相是β相向α'相转变的过渡相，退火时效过程中，可以发生α''相向α'相的转变。

ω相（phase）：在β相分解过程中，通过形核长大的一种非平衡显微相，是β相向α相转变的过渡相。淬火时效都可以形成ω相，淬火形成的

是无热 ω 相（waherma），时效形成的是等温 ω 相（ieohema）。有资料认为，应力应变也可以引发 β 相向 ω 相的相变。ω 相引起合金强度升高，塑韧性严重降低。

β' 相（ β' phase）：溶质富化型亚稳定 β 钛合金中 β 相通过相分离反应形成的一种浓度较低的亚稳相，此时 ω 相形成受到抑制，和调幅分解的主要区别在于调幅分解没有形核，而 β' 相的生成是通过形核长大过程实现的。

α_2 相（ α_2 phase）：在 Al、Sn 等 α 稳定元素含量较高的条件下，形成的一种有序 α 相，其化学式可以表示为 Ti_3Al。其典型特征是长程有序。

钛合金中，不同的相在不同的处理工艺后呈现不同的形态，不同的相特征和不同的形态特征共同构成钛合金的显微组织结构。

4.4 钛合金的相变及其热处理

为满足钛合金制品的各种不同性能的要求，必须使其有相应的组织。这种组织的形成可以通过对合金所进行的加工和热处理来实现。钛合金固态相变的特点是具有多样性和复杂性，金属中所发生的各类相变，在钛合金中都可能出现。多年来，冶金工作者对于钛合金的相变进行了大量的研究工作，得出了许多的重要结论。

4.4.1 钛及其合金的相变

4.4.1.1 同素异构转变

纯钛在固态时有两种同素异构体，其转变温度称为 β 相变点，高纯钛的 β 相变点为 882.5 ℃，对成分十分敏感，该温度是制定钛合金热加工工艺规范的一个重要参数。纯钛自高温缓慢冷却至882.5 ℃时，体心立方晶格的β相转变为密排六方晶格的α相，即发生如下的同素异构转变，有

$$\underset{\text{体心立方}}{\beta} \xrightarrow{\text{882.5°C}} \underset{\text{密排六方}}{\alpha}$$

从体心立方晶格转变为密排立方晶格的过程如图4-8所示。

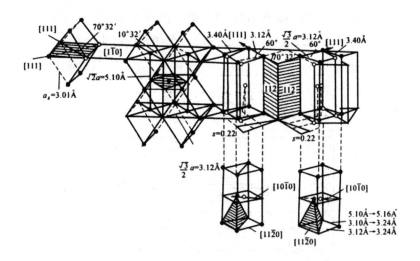

图4-8　纯钛由体心立方的β晶格改组为密排六方α晶格示意图
（图中的数字为Ti的晶胞尺寸）

图的左边是一个β相的体心立方晶胞，$(1\bar{1}0)_\beta$ 呈水平位置。左二是5个从体心立方晶胞，从中可以分离出来一个体心正方晶胞，正方体的上下两个底平面为$\{110\}_\beta$，侧平面为$\{211\}_\beta$。这些侧平面沿图4-8中箭头所示方向，即$(1\bar{1}2)_\beta$。与$(112)_\beta$分别在$(1\bar{1}1)_\beta$及$(11\bar{1})_\beta$方向滑移一个很小的距离，同时晶胞在一个方向上发生膨胀，在另一个方向上发生收缩，即得到图4-8右下方所示的六方晶胞。

纯钛的β→α转变的过程容易进行，相变是以扩散方式完成的，相变阻力及所需的过冷度均很小。冷却速度从每秒4 ℃增至1 000 ℃时，转变温度下降，从882.5 ℃降至850 ℃。冷却速度大于200 ℃/s时，以无扩散发生马氏

体转变，试样表面出现浮凸，显微组织中出现针状 α'。添加合金元素后，同素异构转变开始温度发生变化，转变过程不在恒温下进行，而是在一个温度范围内进行。转变温度会随所含合金元素的性质和数量的不同而不同。

合金元素的原子直径对与钛形成的固溶体的类型的关系如图4-9所示，图中注明了钛和其他元素的原子直径，它是由配位数为12的密排点阵计算得到的。间隙和代位固溶体区域用斜线表示，形成代位固溶体的区域边界，原子直径比应该提高到约为1.2，因为铅可以溶解于钛之中，镁虽然位于可能形成代位固溶体的区域内，但在钛中的溶解度却很小。除原子直径外，原子的化学键和元素在周期表中的位置，也都对溶解度和相平衡有影响。

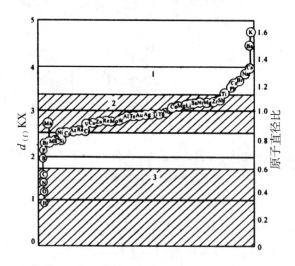

图4-9　钛的二元相图中的固溶体类型与假如元素原子直径的关系

1-不能溶解；2-代位固溶体；3-间隙固溶体

研究合金元素对转变温度的影响与周期表中族号的关系可以看出，过渡族元素使 β / α 转变温度降低，较轻的元素使转变温度升高或变化不大，而较重的元素在大多数情况下使 β / α 转变温度降低，稀土元素使钛的 β / α 转变温度稍许提高。

与铁的同素异晶转变相比，钛和钛合金的同素异晶转变具有下列特点：①新相和母相存在严格的取向关系，如在冷却过程中，α 相以片状或针状有规则地析出，形成魏氏组织。②由于 β 相中原子扩散系数大，钛合金的加热温度超过相变点后，β 相的长大倾向特别大，极易形成粗大晶粒。这一点在制定钛合金的加热工艺时必须考虑。③钛及钛合金在 β 相区加热造成的粗大晶粒，不能像铁那样，利用同素异晶转变进行重结晶使晶粒细化。实践表明，钛及钛合金只有经过适当的形变再结晶消除粗晶魏氏组织。这是因为钛的两个同素异晶体的比容差小，仅为0.17%，而铁的同素异晶体的比容差为4.7%，同时钛的弹性模量小，在相变过程中不能产生足够的形变硬化，不能使基体相发生再结晶。另外，钛进行同素异构转变时，各相之间具有严格的晶体学取向关系和强烈的组织遗传性。以上因素均可导致同素异构转变过程中晶粒不能细化。

4.4.1.2 连续冷却中的相变

钛合金加热到 β 相区后，自高温冷却时，根据合金成分和冷却条件不同可能发生下列转变。

（1）马氏体相变。TA类或含 β 稳定元素量少的TC类钛合金，自高温淬火将发生马氏体转变，固溶在 β 相中的置换式合金原子均来不及析出，故其转变产物为强度和硬度都不高的 α' 或 α'' 相。α' 相是六方晶格，呈板条状或针状；α'' 相是斜方晶格，也呈针状。不过，由于 α'' 相中固溶的合金元素浓度更高，故其马氏体转变开始温度点（M_s）更低，因而 α'' 针显得更细。α' 的强度随固溶合金元素的浓度升高而升高，但是，对于某一固定成分的合金而言，α' 仅比退火状态的等轴 α 相具有稍高的强度。α'' 相的硬度比 α' 还低，故 α'' 相是一个比 α' 相还软的相。

（2）固溶转变。含 β 稳定元素较多的钛合金，如TB类钛合金和大部分TC类钛合金自高温冷却时，将发生部分固溶转变 $\left[\beta \rightarrow \beta_m + \alpha'(\alpha'')\right.$ 或 $\left.\beta \rightarrow \beta_m + \omega\right]$ 或完全固溶转变（$\beta \rightarrow \beta_m$）。其中 β_m 是一个介稳的固溶体相，ω 是一个超显微过渡相。

形成固溶转变的条件是合金中含有足够数量的 β 相稳定元素。在Ti的二元合金中，发生完全固溶转变各元素的最低含量见表4-12。

表4-12　二元Ti合金中发生完全固溶转变所需的最低β相稳定元素的含量

â相稳定元素	Fe	Cu	Mg	Mn	Ni	Cr	Mo	V	Nb	Ta	W
所需的最低含量/%	4	12	6	6.5	9	7	11	15	36	40	22.5

4.4.1.3　时效的相变

Ti合金淬火得到的α'、α''、β_m和ω相都是介稳相，在时效时，这些相都要分解，分解过程比较复杂，但最终的分解产物为平衡状态的$\alpha+\beta$。若有共析反应，则最终产物是$\alpha+Ti_xM_y$即

$$\left.\begin{array}{l}\alpha' \\ \alpha'' \\ \omega \\ \beta_m\end{array}\right\} \xrightarrow{\text{加热}} \alpha+\beta\left(或\alpha+Ti_xM_y\right)$$

钛合金热处理强化的原理就是依靠淬火时获得的介稳相，在随后的时效过程中，分解成弥散的$\alpha+\beta$。通过弥散强化机制使合金强化。

钛合金的时效温度一般为450~600 ℃，4~12 h。含共析β稳定元素的钛合金时效时间较短。亚稳定β相的分解要经历三个阶段：①合金元素偏聚分为贫化β'和富化β；②β'中析出α''或ω相；③α''或ω相分解为$\alpha+\beta$相。

4.4.2　钛合金的热处理工艺

钛合金的热处理工艺有退火、淬火+时效、形变热处理、化学热处理等。钛合金的热处理强化是通过淬火和时效方式进行的。因此首先要分析钛合金在淬火和时效时发生的组织变化。

4.4.2.1 退火

钛合金退火目的是使组织和相成分均匀、降低硬度、提高塑性和消除内应力或残余应力。退火的形式有消除内应力退火、再结晶退火、双重退火、真空退火等。

消除内应力的退火，其退火温度低于该合金的再结晶温度。再结晶退火的退火温度高于该合金的再结晶温度。其退火保温时间取决于零件或半成品的截面。当最大截面分别为<1.5 mm、1.6~2.0 mm、2.1~6.0 mm、6.0~50 mm时，其保温时间相应为15 min、20 min、25 min和60 min。

双重退火包括高温及低温两次退火处理，其目的是使合金组织更接近平衡状态，因此特别适用于耐热钛合金，以保证合金在高温及长期应力作用下组织及性能的稳定。

真空退火是防止氧化及污染的有效措施，也是消除钛合金中氢脆的主要手段之一。

4.4.2.2 淬火+时效

淬火+时效的目的是提高钛合金的强度与硬度。对TC型钛合金来说，淬火温度一般选在$\alpha+\beta$两相区的上部范围，而不得加热到β单相区。因为这类合金的临界温度较高，若加热到β单相区，晶粒易于粗化，引起韧性的降低。对于β型钛合金而言，因有大量的β相稳定元素，降低了临界温度，故淬火温度可选在临界温度附近，既可以选在$\alpha+\beta$两相区的上部范围，也可以选在单相β区的低温范围。淬火加热时间按零件的有效厚度计算，其加热系数一般为3 min/mm，再加5~8 min。淬火冷却方式可以是水冷或空冷。

时效工艺主要取决于对合金的力学性能要求。时效温度高，合金的韧性好；时效温度低，合金的强度高。钛合金的时效温度一般选为425~550 ℃，时效时间为几小时到几十小时。表4-13列出了部分钛合金的热处理工艺和室温力学性能（CB/T 2965-2007）。

表4-13 部分钛合金的热处理工艺和室温力学性能

牌号	热处理工艺	R_m（≥）/MPa	$R_{p0.2}$（≥）/MPa	A（≥）/%	Z（≥）/%
TA1	600~700 ℃，1~3 h，空冷	240	140	24	30
TA5	700~850 ℃，1~3 h，空冷	685	585	15	40
TA10	600~700 ℃，1~3 h，空冷	485	345	18	25
TA15	700~850 ℃，1~4 h，空冷	885	825	8	20
TA19	955~985 ℃，1~2 h，空冷；575~605 ℃，8 h，空冷	895	825	10	25
TB2	淬火：800~850 ℃，30 min，空冷或水冷	≤980	820	18	40
	时效：450~500 ℃，8 h，空冷	1 370	1100	7	10
TC1	700~850 ℃，1~3 h，空冷	585	460	15	30
TC4	700~800 ℃，1~3 h，空冷	895	825	10	25
TC10	700~800 ℃，1~3 h，空冷	1 030	900	12	25
TC12	700~850 ℃，1~3 h，空冷	1 150	1 000	10	25

①淬火加热温度。对于（α+β）型钛合金来说，淬火温度一般选在（α+β）两相区的上部范围，而不是加热到β单相区。因为这类钛合金的临界温度均较高，若加热到β单相区，势必晶粒粗大，引起韧性降低。对于β型钛合金来说，由于含有大量β相稳定元素，降低了临界温度，淬火温度应选在临界温度附近，既可以选择在（α+β）两相区的上部范围，也可选择在α单相区的低温范围。例如，对于TB2合金，可以选择在（α+β）两相区的上部范围，也可以选择在β单相区的低温范围。TB2合金的临界温度为750 ℃，淬火温度可以选择为740 ℃，也可以选择为800 ℃，若淬火温度过低，β相固融合金元素不够充分，原始α相多，淬火时效后强度低。若淬火温度过高，晶粒粗化，淬火时效后强度也低。

顺便指出，淬火加热保温时间，主要根据半成品或成品的截面厚度而定。淬火冷却方式可以是水冷或空冷。

②时效制度。时效过程进行的情况主要取决于时效温度和时效时间。时效温度的选取，一般应避开α相脆化区，通常在425~550 ℃范围，若温度太低，就难于避开ω相，若温度过高，则由β相直接分解的α相粗大，合金强度降低。大多数钛合金在450~480 ℃时效之后，出现最大的强化效果，但塑性低。故在实际工作中，往往采用比较高的时效温度（500~550 ℃），对于某些合金来说，这个温度已是过时效，但此时塑性更好些。总之，合金时效温度的选取，可根据零件性能要求在425~550 ℃范围选用。

时效时间对合金最终力学性能有重要影响。对于（α+β）型钛合金来说，淬火后的介稳相（α′、α″、β_m）的分解过程是比较快的。对于β型钛合金来说，由于合金中β相稳定元素含量高，β相稳定程度高，介稳β相的分解比较缓慢。钛合金的时效时间根据合金类型一般在1~20 h。

4.4.2.3 形变热处理

除淬火时效外，形变热处理（也称热机械处理）也是提高钛合金强度的有效方法。形变热处理是将压力加工变形和热处理结合起来的一种工艺。在这种工艺过程中，变形终了时立即淬火，使压力加工变形时晶粒内部产生的高密度位错或其他晶格缺陷全部或部分地保留至室温，在随后的时效过程中，作为析出相的形核位置，使析出相高度弥散，并均匀分布，从而显著增强时效强化效果。在时效前预先对合金进行冷变形，也可在组织中造成高密度位错及大量晶格缺陷，随后进行时效，可获得同样效果。

对许多钛合金来说，形变热处理在提高强度的同时，并不损害塑性。甚至还会使塑性有一定提高，还可提高疲劳，持久及耐蚀等性能。但有时会使热稳定性下降。常用的钛合金形变热处理工艺有高温形变热处理和低温形变热处理两种。影响其强化效果的主要因素是合金成分、变形温度、变形程度、冷却速度及时效规范等。

两相钛合金多采用高温形变热处理，变形终止后立即水冷。变形温度一般不超过β相变点。变形度为40%~70%。目前此工艺已用于叶片、盘形件、杯形件及端盖等简单形状的薄壁锻件，强化效果较好。

β钛合金可采用高温或低温形变热处理，也可将两者综合在一起。β钛合金淬透性较好，高温变形终止后可进行空冷，高温变形温度对其影响不如对两相钛合金的敏感。因此，在生产条件下，β钛合金更容易采用高温形变热处理工艺。

4.5　多孔钛的显微组织及孔结构[①]

在200 MPa压力下成型，经不同温度烧结2 h多孔钛的显微组织示于图4-10。

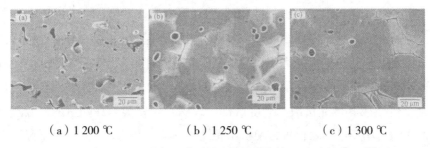

　　　（a）1 200 ℃　　　　　　（b）1 250 ℃　　　　　　（c）1 300 ℃

图4-10　在200 MPa压力下成型经不同温度烧结2 h多孔钛的显微组织

由图可知，随着烧结温度的增大，多孔钛的孔隙尺寸和数量减少，孔隙由不规则状向球形转变，而当烧结温度达到1 250 ℃时继续升高温度，孔隙形状基本不变。烧结温度对多孔钛显微组织的另一显著影响是随着烧结温度的增大，多孔钛基体的晶粒尺寸逐渐增大。因为，温度的升高加快了扩散的速度，使颗粒的相互接触面上的活性原子增加，形成黏结面，伴随着颗粒之间黏结面的扩大进而形成烧结颈，使原来颗粒之间的界面形成晶粒间界。同

---

① 李伯琼，陆兴，王德庆.制备工艺对多孔钛的微观结构和压缩性能的影响[J].大连铁道学院学报，2006，27(3)：7.

时随着烧结的继续进行，某些曲率较大的晶界，有可能挣脱小孔隙的束缚向外扩张，使晶界的曲率降低、总能量下降，结果导致晶粒长大。同时，颗粒间的孔隙逐渐减少，并且孔隙间的联系逐渐被切断，形成孤立的孔隙。这些孤立的孔隙在表面扩散的作用下，促使孔隙表面光滑，并趋于表面能最小的球形. 对于位于晶界上的孔隙来说，小的两面角引起了一个大的钉扎力，在晶界被孔隙中断之后，孔隙由空位扩散到晶界地区以继续进行收缩，使孔隙形状趋于球形。

由图4-11中烧结温度与孔径分布的关系可以发现，随着烧结温度的升高，孔隙的最频孔径减小，孔径分布范围随之变窄。这主要是空位扩散导致烧结颈长大和孔隙收缩的缘故。在烧结过程中，颗粒之间接触面上的空位浓度较高，使周围原子与空位交换位置进行扩散，且不断向接触面迁移，导致烧结颈长大。随着温度的升高，烧结颈边缘和小孔隙（<5 μm）表面的过剩空位容易通过邻接的晶界进行扩散乃至消失，最终导致孔隙收缩或小孔隙的消失。

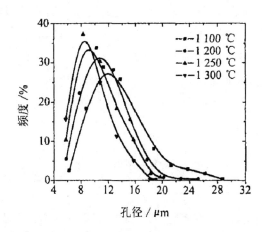

图4-11 在200 MPa压力下成型经不同温度烧结2 h多孔钛的孔径分布

图4-12表示在成型压力为200 MPa，烧结时间为2 h条件下多孔钛的孔隙度与烧结温度的关系。当烧结温度从1 250 ℃上升到1 300 ℃时，孔隙度从10%下降到9%，开孔率从67%降低到64%。多孔钛的孔隙度随烧结温度的升

高而降低的原因主要是多孔钛单元系烧结过程中钛原子的自扩散引起的。

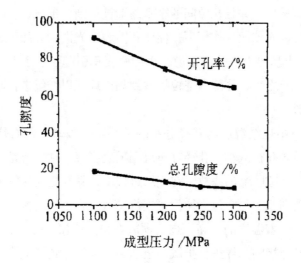

图4-12　在200 MPa压力下成型烧结2 h多孔钛的孔隙度与烧结温度的关系

　　钛原子从一个位置迁移到另一个位置的运动必然要克服原子扩散所需要的势垒ΔG^+，也就是说，钛原子应具有足够大的能量（$\geqslant \Delta G^+$）才能摆脱周围原子的束缚，从一个平衡位置迁移到另一个平衡位置。实验表明，烧结温度越高，原子的束缚能量越小，能够克服扩散能垒的原子数目就越多。原子的扩散系数D与扩散温度T的实验关系式可以表示为：

$$D = D_0 \exp\left[-\frac{\Delta G^+}{RT}\right]$$

式中，D为钛原子的自扩散系数，D_0为扩散因子，ΔG^+为钛的扩散激活能，R为气体常数，T为绝对温度。由上式可以看出，烧结温度越高，钛原子的扩散系数越大，烧结进行得越迅速。因此，随着烧结温度的升高，烧结体的密度增大，试样的孔隙度相应地减小。在200 MPa成型，1 200 ℃烧结条件下，烧结时间对多孔钛的显微组织的影响示于图4-13。当烧结时间由2 h时延长至2.5 h时，孔隙由不规则状转变为椭圆形。而当烧结时间进一步增加至3 h

时，孔隙趋近球形。此外，多孔钛基体的晶粒尺寸随着烧结时间的延长而增大。定量金相分析表明，在1 200 ℃烧结温度下，在当烧结时间由2.5 h延长到3 h时，多孔钛的平均晶粒尺寸由22 μm增加到23 μm。

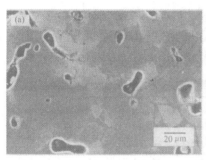 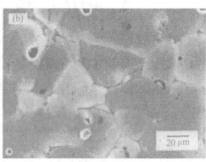

（a）2.5 h   （b）3 h

图4-13 在200 MPa压力下成型经1 200 ℃烧结不同时间多孔钛的显微组织

多孔钛的孔径分布与烧结时间的关系显示在图4-14。可以发现，随烧结时间的延长，多孔钛的孔隙尺寸减小，孔隙分布范围变窄。由多孔钛的孔隙度与烧结时间的关系（图4-15）可以看出，多孔钛的孔隙度随烧结时间的延长而降低。烧结时间对显微组织和孔隙特征的影响与烧结温度的作用相似，即随烧结时间的增加，多孔钛的孔隙尺寸和孔隙度减小，晶粒尺寸增大，孔隙形状逐渐趋于球形。结果表明，烧结温度（<1 300 ℃）每升高100 ℃，多孔钛基体的平均晶粒尺寸增加了4.6%，最频孔径减小了4.2%，孔隙度减小了14.7%；而烧结时间（< 3 h）每升高1 h，多孔钛基体的平均晶粒尺寸增加了3%，最频孔径减小了2%，孔隙度减小了9.2%。

随烧结温度的增加和烧结时间的延长，多孔钛的孔隙形状从不规则向规则球形转变，且当烧结温度达到1 250 ℃或烧结时间继续延长至3 h，孔隙趋于球形。

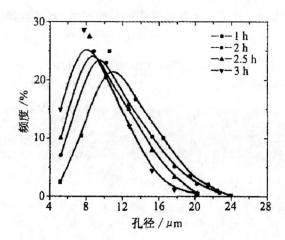

图4-14 在200 MPa压力下成型经1 200 ℃烧结不同时间多孔钛的孔径分布

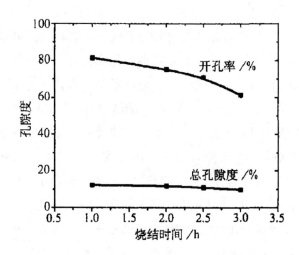

图4-15 在200 MPa压力下成型经1 200 ℃烧结多孔钛的孔隙度与烧结时间的关系

第5章　其他轻金属材料

在稀有金属分类中，锂、铍为稀有轻金属，用途甚广。碱土金属，银白色（铍为灰色）固体，硬度略大于碱金属，除铍和镁外，其他均可用刀子切割，新切出的断面有银白色光泽，但在空气中迅速变暗。碱土金属的导电性和导热性能较好。碱土金属单质熔点和密度也都大于碱金属，但仍属于轻金属。本章主要对锂、铍以及碱土金属等轻金属材料进行了简单介绍。

5.1　锂

锂是自然界最轻的金属，银白色，化学符号Li。

5.1.1　锂的性质

锂的原子量为6.939，天然锂内有两个稳定同位素：^{6}Li和^{7}Li，其中^{7}Li占

92.4%（原子）、^6Li占7.6%（原子）。锂的性质与其他碱金属相似，例如容易氧化形成+1价离子，其氢氧化物表现出强碱性。在碱金属中，锂的熔点（180.5℃）和沸点（1337℃）最高，热容也最高，离子半径最小。锂的液相温度范围宽、黏度低。金属锂的延性与铅相同。金属锂薄膜能透过紫外辐射但不会透过可见光。

金属锂活性大、易燃，应涂以矿物油保护膜，密封于充氩铁皮筒内。

金属锂与氢反应生成LiH，与氮反应生成褐红色的Li_3N，在氧中加热燃烧时形成白色Li_2O。

5.1.2　锂的用途

锂作为"能源金属"除用于提取锂-6供制造氢弹外，在国民经济各领域还具有十分广泛的用途。锂的民用消费主要集中在铝电解、玻璃陶瓷和润滑脂三大应用领域，共占总消费量的70%~85%。其余部分则消费在化工、空调、合成橡胶和电池等部门。在美国，锂主要以碳酸盐、氯化物、磷酸盐等化学制品的形式应用于玻璃、陶瓷和原铝的生产，占其国内锂消费总量的60%以上，润滑脂与合成橡胶生产用锂占第二位。1996年美国的具体消费格局是：玻璃陶瓷20%，锂冶炼18%，合成橡胶与医药13%，化工制造13%，化工制品12%，润滑剂11%，电池7%，空气净化4%。

5.1.2.1　核工业上的应用

20世纪50~60年代，美国为了生产核聚变反应所需的氚，使用了大量单水氢氧化锂，用以提取同位素锂-6。

所谓同位素是指同一元素具有不同原子量的原子，比如氢有三个同位素：氕，质量数为1构成天然氢元素的99.98%；氘，质量数为2，构成天然氢元素的0.02%；氚，质量数为3，可通过不同的核反应人工产出。又如，锂有^6Li和^7Li两个同位素。其中^6Li吸收慢中子分裂为氚和氦：

$$_3^6\text{Li} + _0^1\text{n} \longrightarrow _1^3\text{H} + _2^4\text{He}$$

而氚被能量足够大的氘（$_1^2\text{H}$）核轰击时，发生核聚变反应：

$$_1^3\text{H} + _1^2\text{H} \longrightarrow _2^4\text{He} + _0^1\text{n} + 18 \text{ MeV}$$

并产生大量能量。这个反应一旦在诸如托卡马克等核聚变装置中变成可控并用作电力能源时，必然需要大量的氚，而大规模生产氚的重要途径就是使用浓缩的锂-6。

一般在热核反应中使用的核燃料是锂-6与氘形成的氘化锂-6，1 kg氘化锂-6作为氢弹的炸药产生的爆炸力相当于5万t TNT。这种以锂为燃料的聚变堆有许多优越之处，它比铀裂变堆更容易获取燃料，而且价格比铀便宜。锂聚变堆最大的优点在于不会形成放射性裂变产物，已经成为20世纪最有前途的洁净能源。据计算，1 kg锂产生的能量相当于4 000 t煤，每年生产70亿度电，仅消耗1.6 t重水和8.5 t锂（676 kg锂-6）。

和金属钠一样，锂也可以用作核装置的冷却剂。在天然锂中尽管大约有92.4%（原子）的锂-7不能用作聚变燃料，但它们有很宽的液态工作范围（180~1 337 ℃），且热容量大、导热性好、黏度小、密度低，是十分理想的聚变堆冷却剂材料。除Li外，LiAl、Li_2O和$LiF \cdot BeF_2$（或Li_2BeF_4）熔盐都可供冷却系统选用。

5.1.2.2 高能燃料

1 kg锂燃烧后释放的能量为42 998 kJ，是用作火箭推进剂的最佳固体燃料。硼氢化锂、氢化铝锂、氟化锂、高氯酸锂、硝酸锂及金属锂粉均可用作飞机及火箭导弹等航天飞行器的推进燃料。燃烧温度高、发热量大、排气速度快是这类推进燃料的主要特点。

5.1.2.3 化学电源

由正负两个电极和电解质构成的电池是一种将化学能转变为电能的装置。不能充电再用的叫原电池，可充电续用的称二次电池。锂的电化当量极高（3.86 A·h/g，仅次于铍），标准氧化还原电位高达3.045 V，故早在十几年前以金属锂为阳极的原电池就已广泛用于军事和电子部门诸如手表、微型计算机、照相机、小型电器、电子游戏机等方面。与传统的铅、镍、锌作电极的重金属比，锂不但密度低，氧化还原电位高，比容量也十分可观（锂为3 862 A·h/kg，锌为820 A·h/kg，铅为260 A·h/kg），因此非常适合作电池的阳极。随后出现的锂电池，如MnO_2作阴极的$Li-MnO_2$电池、FeS_2做阴极的电池作为高能电池由国际大电池公司生产并行销全球。到1999年，直径14 mm、高65 mm的14650圆柱型锂电池作为手机和便携式电脑的电池已投入批量生产，并成为锂电池开发工作的起点，但是锂电池的致命缺点是不安全，它对过电压敏感，在液态电解质中充电时由于枝状晶的形成而造成内部短路，为此索尼公司又推出锂离子二次电池。锂离子二次电池以嵌入锂离子的石墨或石油焦等碳素为阳极，以$Li_{1-x}Co_xO_2$为阴极形成$Li_xC_6/Li_{1-x}Co_xO_2$二次电池系统，由于用"锂化"的石墨代替金属锂，并附有一个保护性电子电路，使安全得到保障。1996年锂离子二次电池的世界产量已突破10亿只的水准，其中日本作为锂离子二次电池的最大生产国已占有全球90%的市场，每年消费锂110~120 t，三洋、索尼和松下是最大的制造厂家，我国年产已达1亿只。

　　锂离子二次电池在全球高性能二次电池的生产中虽然在数量上尚不及镍镉与镍氢电池，但在销量上已居主导地位。

　　锂离子二次电池的电压在3 V以上，大体可代替3只镍镉电池，从而减少了使用电池的数目；高的能密度使电池的大小和重量均大为降低，成为小型便携式电器的理想电源；不使用金属锂，在充、放电时极为安全；没有记忆效应，每次都能实现全额充电；方形电池的外壳为铝合金，使整个电池的重量相当轻。由于上述特点，锂离子二次电池作为电动汽车的电源正受到多方面的青睐，但是它的成本高，使应用受到限制，特别是$LiCoO_2$阴极中的钴是制约成本的重要因素，目前除作$LiMnO_2$的工作外，有人还开发了以磷酸盐为基的新一代阴极材料$LiFePO_4$（容量达160 A·h/kg，为理论值的90%），估计近期内不能解决成本问题。锂离子二次电池的发展，使锂基二次电池的应用规模落在了后面，但是锂聚合物电池用聚合物做固态电解质，把电池的活性物质黏结或包封在聚合物内，生产出柔韧、安全、不使用液态电解质的电池，将和锂离子二次电池平分秋色。

5.1.2.4　电解铝和其他冶金应用

将碳酸锂加到铝电解槽内，可提高电解质熔体的导电率，从而降低电解过程的操作温度，提高电能利用效率、碳阳极和冰晶石（Na_3AlF_6）的使用效率并减少氟的排放（使氟以氟化锂的形式保持在电解质熔体内）。

铝电解是高耗能的产业，降低电耗是减少成本提高生产的关键。我国电解铝厂添加锂盐的生产实践表明，电解温度可降低10~13 ℃，电流效率提高1%~2.45%，每生产1 t铝节电400~600 kW·h，氟排放量减少30%。

金属锂还用于作铜和青铜的脱氧剂。

5.1.2.5　其他

锂主要以碳酸盐、氯化物、磷酸盐和其他化学制品的形式用于玻璃、陶瓷和搪瓷工业。

碳酸锂或锂辉石、透锂长石、锂云母精矿中的氧化锂（Li_2O）用于玻璃陶瓷工业，有很好的助熔作用，可降低黏度，改善玻璃成形性能，通过形成铝硅酸锂 β 相，明显降低膨胀系数，降低烧成温度和熔剂消耗，提高熔炉的产量和改善产品的强度。如改善黑白电视平板玻璃在辐射下的稳定性和电性能。制造玻璃纤维时，氧化锂降低黏度的作用有助于降低铂衬套的温度，从而减少仪器磨损。

变色眼镜用的光致变色玻璃是一种含卤化银光敏剂的碱金属铝硅酸盐玻璃，加入碳酸锂可控制玻璃的碱性和卤化银的溶解度。

从效果上看，添加0.1%~0.2% Li_2O可降低玻璃生产温度11~12 ℃，提高产量5%~10%。含13%~14% Li_2O的微晶玻璃，其强度比普通玻璃大5~10倍，与不锈钢相近，但质量比锂还轻。

在有机合成技术中也广泛应用到锂化合物，例如丁基锂LiC_4H_9在合成橡胶时用作立体定向催化剂，在合成芳香族化合物时也用锂作催化剂。锂化合物在合成维生素A和狂郁型精神病治剂时也得到应用。

锂的氧化物和氯化物具有强的吸湿性，在空气调节和工业干燥系统中得到广泛应用。

5.1.3　锂合金

在冶金工业中，锂一方面广泛应用于各种有色金属及其合金的脱氧、脱氢、脱硫和脱氮；另一方面又能与轻金属和重金属制成种种合金。1%~2%的Li使合金的硬度和极限强度明显提高，而比重降低。含Li 4.5%~5.5%的铝锂合金已应用于航空及航天飞行器。不仅轻而强度高，同时耐热性能好，适用的温度范围扩大。含Li 1%~5%的镁合金，使镁由六方晶格转变为正方面心结构，塑性提高，便于加工，而比重仅1.35。铅中加入0.2%的Li，硬度提高三倍，抗变形和耐蚀能力也随之加强。用锂替代巴比（铅）合金中的铅，合金熔点升高，耐磨能力增强，轴瓦不致发生裂纹。含Li 2%的锂铜的电导性比纯铜还好，强度也有提高。在电解炼铝过程添加锂盐，有明显技术经济效益，应用日益普遍。

5.1.3.1　铝锂合金

在当前正在开发的Al-Mg、Al-Cu-Mg和Al-Li三个系列的新型合金中，铝锂合金的开发已成为备受关注的焦点。锂的密度只有铝的1/5，铝内每加入1%（重量）的锂，其密度就会降低3%，同时刚度（弹性模量）提高6%。为此，西方发达国家早在1940年即开始着手含锂航空材料的尝试。1958—1965年期间美国和前苏联之间，就Al-Li合金作为一代新型航空结构材料，在合金的研制、开发方面展开了明争暗斗。到目前国外注册的Al-Li合金牌号已达20余种，这些合金分属Al-Li-Cu和A1-Li-Mg两个合金体系。其中绝大部分铝锂合金的锂含量不大于3.5%，在使用锂的同时还减少了铜和镁的含量。个别合金除锂外最多含有9种合金元素。这些合金在抗腐蚀、保持高温强度方面也有望比其他铝合金略胜一筹，特别是高温强度性能上的潜力，意味着使用温度还能够提高。

当然Al-Li合金也有明显的弱点，如合金存在各向异性、某些合金断裂韧性低、熔融态Al-Li合金活性高、Al-Li合金料坯存在表面氧化。

5.1.3.2　镁锂合金

金属镁的密度为1.74 g/cm³，具有许多优越的物理、机械、加工性能，是汽车工业等领域可大量使用的结构材料，但是它的延性、耐蚀性和抗蠕变的能力使它的应用受到限制，而加入锂不但使它的密度大为降低，形成密度为1.3 g/cm³的最轻的Mg-Li合金[镁-40%（原子）Li]，而且比强度和延性均大为改观。含锂量达4%（重量）的Mg-Li-Al和Mg-Li-Ca合金表面生成Mg（OH）$_2$基保护层使抗蚀能力提高，同时还提高了延性和抗蠕变性能。目前，大批量生产这种高活性的Mg-Li半加工制品已经实现。锂的应用扬镁之长，避锂之短，为镁合金的结构应用展现了美好前景，同时Mg-Li合金作为医学的生物材料，如德国已在心血管扩张移植上使用了这种合金，为镁材料的应用开拓了一条新路。

一些新型Mg-Li合金如LAE445（Mg-4Li-4Al-5RE）、LZM441（Mg-4li-4Zn-1Mn）、IZE431（Mg-4Li-3Zn-1RE）、LZE421（Mg-4Li-2Zn-1RE）等在延伸率、拉伸强度、抗冲击强度等方面都显示了适于广泛应用的工业价值。

5.2　铍

5.2.1　铍的性质

铍的原子序数为4，密度为1.85 g/cm³，是最轻的结构材料之一。铍的杨氏模量为303 GPa，比钢高出50%，比铝大4倍，比钛大2.5倍。在室温下铍的比刚度高出铝、钛和钢7倍以上，在650 ℃其比刚度仍在它们的5倍以上。此外，铍的熔点为1 285 ℃，比镁和铝高得多。这些优良的性能集于铍一身，使铍成为性能极为独特的一种现代航空航天材料。

在核性能方面，铍核被α粒子轰击或照射产生中子，许多涉及铍的核反应皆产生中子，铍-镭混合源，是一种很好的中子源材料。铍的热中子吸收截面为0.009 b，它同时还具有大的中子散射系数。其他比较突出的物理性能还包括极高的光学反射率，尤其在10.6 μm的红外波段，反射率高达98%。声音在空气中的传播速度为340 m/s，在水中是145 m/s，而在铍中竟达到了12 500 m/s。铍还对X射线有很高的透过能力。

铍为六方密堆结构，但c/a比最低（1.567），故在物理和机械性能上存在着高度各向异性。为在铍零件上获得各个方向上最佳的强度和延性，要求晶粒呈任意取向且必须在5~15 μm。

铍在燃烧时可释放出巨大的热量，每千克铍燃烧时释放的热量达62 802 kJ，必要时，可用作火箭的高效燃料。

和铝一样，铍也形成保护性氧化膜，使它在空气中即便处于红热状态仍保持稳定。金属铍对无氧金属钠即便在较高温度下也有明显的抗蚀性，这对设计核反应堆的热交换器颇为重要。

5.2.2　铍合金

含铍合金主要有铍铜、铍铝、铍镍及叫作E材料的BeO/Be金属基复合材料等几种，其中应用最广的是铍铜合金。

5.2.2.1　铍铜

具有优良的导电性能、导热性能、硬度高、弹性好、耐磨、抗蚀、抗热冲击并且无磁性、不产生火花。这些特性使铍铜特别适合制造弹簧、插接件和开关，广泛用于航空航天、汽车、雷达和电信设备中。全世界所产铍的大部分，及铍的最大生产和消费国美国每年铍铜消费量的75%都用于生产铍铜。

用铍铜制造的弹簧能经受2 000万次周期性加载而不产生疲劳，用铍铜代替铝镍青铜制造的航空用轴承，将使用寿命从8 000 h提高到20 000 h。

作为结构材料，在油气钻探设备中大量使用大直径的铍铜管、其他重型设备和飞机的起落架也都使用铍铜。在军用飞机上广泛使用铍铜制造强度高、抗疲劳、耐蚀性能好，能在很宽的温度变化范围内保持优良的弹性和导电、导热性能的零件。有人做过统计，一架现代化大型飞机上使用了1 000余个铍铜合金零件。近年来铍铜在油气钻探及航空航天市场虽然出现疲软，但却从向汽车和电信电器行业发展得到了补偿。全球最大的铍及铍合金生产企业——布拉什·韦尔曼公司（美国）生产8种铍铜合金可粗略地分成两大类：一类的典型含铍量为1.6%~2%，称为高强铍铜；另一类的典型含铍量为0.3%，叫作高导铍铜。前者倾向用于电信行业，后者主要用于汽车。布拉什·韦尔曼公司1998年安装了两台30 t的感应炉，可通过冷硬铸造机制出宽660 mm、厚203 mm的铍铜板坯，轧制出0.1~0.2 mm的（窄）带材。

5.2.2.2 铍铝

铍铝合金由于两个金属间的固溶度极小，可大体上看作是将硬相铍弥散在软相铝（基体）内构成的复合材料。这种合金很难熔铸成无宏观偏析的大锭，只能走粉末冶金加工的途径，通过制备预合金粉（用氮气雾化法）、熔模精密铸造生产净成形铸件。美国用此法已生产含62%Be、38%Al牌号叫AlBeMet（旧称洛希德合金Be-38Al）的铍铝合金棒、条、管和薄板材。

所谓净成形铸件是指铸件表面精度光洁度很高，已经达到最后形状完全不需要机加工进行修整的铸件。熔模精密铸造（又叫失蜡铸造）是指用熔模壳型生产铸件的方法如用蜡料制成模型其上涂覆多层耐水涂料形成型壳，然后熔出蜡料模型，经高温熔烧后浇铸金属而获得铸件。

AlBeMet即Be-38Al用热等静压固结成板坯，再用冷等静压挤压可获得机械性能相对更好的材料，经上述致密化处理之后，即可采用类似铝合金所用的工艺进行车削、轧制和锻造。等静压是一种借助气体（氩、氨）或液体（水或油）作传压介质，将压力在各个方向均等地作用于工件表面使之成型、致密化的塑性加工工艺。根据加工温度的不同又分作热等静压、冷等静压两种工艺。前者的工作温度最高达3 000 ℃以上，压力在1 000 MPa以上；后者的工作温度为室温，压力为1 000 MPa。

Be-38Al是20世纪70年代美国洛克希德公司为执行民兵导弹（Minuteman）和YF-12飞机两项专用军工计划而研制的，后因应用推广开发未跟上而停产。20世纪90年代由于航天飞机计划而再度生产，合金牌号改为AlBeMet，用于卫星结构、航空航天电子控制系统如飞机和卫星的计算机系统以及高性能汽车功能器件、运动控制及作轻质高强模具材料等。

就铍的消费而言，被铝合金的重要性日益受到重视。这是因为铍铝合金的含铍量可高达65%，而铍铜仅为0.5%~2%，对铍铝的需求只要略有增长，就会消耗相当多的铍。铍铝合金是第一个将镀结合进来用于批量生产复杂型材的材料，因此需求出现明显增长是可能的。当然铍铝合金生产的增长在一定程度上还要决定这类元件在AH-66科曼契秘密行动型直升飞机、F-22猛禽式战斗机和PAC-3型导弹上的工作性能。

对于含铍量较低的铍铝合金，如含铍量为30%和40%的以A356、6061和7075铝合金为基体的铍铝合金，目前采用半固态金属（半固态温度介于液相线温度和固相线温度之间）成形工艺进行加工以降低成本，生产净成形件。布雷德利战车上的弹舱底板就是用含30%铍的A356铸铝合金制造的。估计铍铝合金在航空航天、卫星和汽车制造部门用量的增长，将使铍的消费稳步增加。

5.2.2.3　镀镍

美国生产的含1.85%~2.05%铍的铍镍合金已用于热动开关、感压箱、隔膜、烧焊插头和插座。

5.2.2.4　E材料

这是一种由铍和氧化铍形成的金属基复合材料。两个组分的体积百分数可依据应用中对该材料密度、弹性模量、热导率及热膨胀系数的特殊要求而改变。目前在商品生产中涌现出E20、E40和E60三个类别的E材料，牌号中的数字表示氧化铍在复合材料内的体积百分数。E材料中随氧化铍含量的增加，密度、模量和热导率增加，而热膨胀系数下降。E材料用于电子组装件外壳的热控制，使外壳的热膨胀系数适应其他元器件的要求。

5.2.3 铍合金材料的生产

铍及其合金可在500~600 ℃下浇铸、热压、挤压、煅造、轧制和拉丝，并且可在1 000 ℃以上的温度下加热成型为薄的壳体，但因为铍的塑性差，脆性大，成材率很低。

50年代起出现了铍的粉末冶金技术。铍粉主要是由铍加工时的碎屑或冶炼时所得的铍珠（鳞片）机械研磨制得。将液态被在惰性气体中喷雾或蒸发冷凝也可制得铍粉。铍的高度磨损能力，使铍粉不仅被BeO，而且还被磨机和研磨介质材料所沾污。

应用振捣热压法和热等静压法可制得含Be达99%的致密制件。大部分铍制件是在1 000~1 200 ℃下在真空石墨压模中，以50~700 MPa的压力热压而成的。压制时间决定于制件尺寸而为1~20 h。压成的坯料长度可达2.5 m，质量达4 t。

在充氩或氮的压力容器内实现的等静压气体压制法是制取致密铍部件的现代化方法。

气体的工作压力为70~100（最高达580）MPa，温度为700~950 ℃，可以制得无须再作机加工的形状复杂的制件，包括管材、板材和各种精细部件。高可达1 000 mm，断面尺寸可达400 mm。

铍的原子半径为0.113 nm，是所有金属元素中最小的，它使得铍实际不可能与任何金属形成固溶体。铍不溶于其他金属，也不是其他金属的溶剂。只有铜、镍、铅和铍铝在高温下略溶于铍，但随温度降低便很快析出。在二元系中，Al–Be系是唯一有利于制取高铍合金的。

虽然纯铍和高铍合金的生产自50年代起有了发展但含Be 0.5%~5%的镀钢合金在铍的消费中仍占极大的份额，这种合金既有较好的塑性又有高的强度，弹性极限和疲劳强度都高，并且加工性能优良，是用于制造弹性强，抗腐蚀而导热导电性能优良的应力弹簧和馈电簧片以及轴承和传动齿轮的重要材料。被铜合金还是铸造用的高强度合金，熔体的流动性良好，能够铸造高精度复杂铸件，并可再预热处理。

含Be 4%~5%的母合金是在2 000 ℃下，由氧化铍（或铍）、铜和碳组成的炉料熔炼而成的。由于铍的活度降低，可以避免Be_2C的生成而使碳热反应 $BeO(晶)+C(晶)=Be(固)+CO(气)$， $K_P=p_{CO}/\alpha_{Be}$ 顺利完成。如果合金中 Be 的含量过高，生成碳化铍后便不能按 $Be_2C(晶)+BeO(晶)=$ $2Be(固)+CO(气)$ 完全分解。熔炼在电弧炉内间断进行。熔炼结束后，合金通过衬有氯化铍的流口流入石墨衬里的抬包，然后流入铸模。一个熔炼周期为12 h，合金产量约2.5 t，其中含Be 4%~5%，Fe 0.1%，Si <0.08%，Al <0.06%。每吨合金耗电约2 750 kW·h。

Be-Al系有一个含Be 2.5%、熔点为645 ℃的共晶点，Be与Al彼此互不溶解。Be-Al合金的比弹性模量达220~250 GPa，为所有结构材料之冠。具有工业应用前景的铍铝合金含Be 62%，强度极限 σ_B 385 MPa，屈服应力 $\sigma_{0.2}$ 300 MPa，延伸率7%，弹性模量189 GPa。它把铍特有的高刚度低比重和铝的塑性结合在一起，并且耐高温。这种有前途的航空航天材料是用粉末冶金方法制取的。

铍是唯一能够使高强度和高刚度复合材料强化的组分，并且可以改善它们的塑性。由铍丝加强后的材料，其塑性比用硼丝强化者高出一个数量级。含铍复合材料具有抗冲击、抗磨损和不变形的特性，韧性好并有持久强度，用作航空发动机避平叶片的材料。Be-Ti复合材料以钛为基体而以铍为强化组分，它有铝的塑性和钢的刚度。这些复合材料是同时挤压由铍管或细棒插入钛块中的制件中做成的。

5.3 碱土金属

5.3.1 碱土金属元素的基本性质

元素周期表中的ⅡA族包括铍、镁、钙、锶、钡、镭六种元素，因其氧化物性质介于"碱性的"碱金属氧化物和"土性的"氧化铝之间，故称其为"碱土金属"。其中，镭为放射性元素。

铍最重要的矿物是绿柱石，$Be_2Al_2Si_6O_{18}$，若其中含有2%的铬，即为祖母绿。

镁的矿物丰富，如白云石（$MgCO_3 \cdot CaCO_3$）、菱镁矿（$MgCO_3$）、泻盐（$MgSO_4 \cdot 7H_2O$）、光肉石（$KCl \cdot MgSO_4 \cdot 6H_2O$）、尖晶石（$MgAl_2O_4$）、无水钾镁矾（$K_2SO_4 \cdot MgSO_4$）、滑石[$Mg_3Si_4O_{10}(OH)_2$]。

钙在地壳中的分布排在第5位，主要矿物有方解石（$CaCO_3$）、石膏（$CaSO_4 \cdot 2H_2O$）、萤石（CaF_2）、磷灰石[$Ca_5(PO_4)_3F$]等。珊瑚、贝类和珍珠的主要成分是$CaCO_3$。

锶主要矿物有天青石（$SrSO_4$）和菱锶矿（$SrCO_3$）。

钡主要矿物有重晶石（$BaSO_4$）和毒重石（$BaCO_3$）。

碱土金属的价电子构型为ns^2，原子半径比相邻的碱金属小。与碱金属相比，由于碱土金属的半径减小，价电子数增多，在金属晶体中形成的金属键增强，因此碱土金属的熔点、沸点和硬度均较碱金属高，而导电性低于碱金属，金属活泼性也不如碱金属。碱土金属的基本性质见表5-1。

表5-1 碱土金属元素的一些基本性质

性质	铍	镁	钙	锶	钡
元素符号	Be	Mg	Ca	Sr	Ba
原子序数	4	12	20	38	56
相对原子质量	9.012	24.31	40.08	87.62	137.3
价电子构形	$2s^2$	$3s^2$	$4s^2$	$5s^2$	$6s^2$
常见氧化态	+2	+2	+2	+2	+2
原子半径/pm	89	136	174	191	198
离子半径/pm	31	65	99	113	135
第一电离能/（kJ/mol）	900	738	590	550	503
第二电离能/（kJ/mol）	1 757	1 451	1 145	1 064	965
第三电离能/（kJ/mol）	14 849	7 733	4912	4 320	
电负性	1.5	1.2	1.0	1.0	0.9
M^+水合能/（kJ/mol）	2 494	1 921	1 577	1 443	1 305
$E^\ominus$/V	−1.85	−2.732	−2.868	−2.89	−2.91

5.3.2 碱土金属单质

5.3.2.1 铍

铍是钢灰色金属轻金属，硬度比同族金属高，不像钙、锶、钡可以用刀子切割。

在自然界中，铍以硅铍石[$Be_4Si_2O_7(OH)_2$]和绿柱矿（$Be_3Al_2Si_6O_{18}$）等矿物存在。绿柱石由于含有少量杂质而显示出不同的颜色。如含2％的Cr^{3+}呈绿色。某些透明的，有颜色的掺合物，称为宝石。亮蓝绿色的绿柱石称为海蓝宝石，深绿色的绿柱石称为祖母绿。铍当然不是用这些宝石来制备，而是使用一些无色晶体或棕色绿柱石来制备。

金属铍是六方金属晶体，表面易形成氧化层，减小了金属本身的活性。根据对角线规则，Be的性质与ⅢA族的铝相似，是典型的两性金属。在通常的情况下，金属铍反应后不形成简单Be^{2+}，而是形成正、负配离子。

Be能与O_2、N_2、S反应，也能与碳反应生成Be_2C碳化物（与Al_4C_3同类），而其他碱土金属的碳化物都是MC_2型。

$$2Be+O_2 \longrightarrow 2BeO$$

$$3Be+N_2 \longrightarrow Be_3N_2$$

$$Be + S \longrightarrow BeS$$

Be与金属反应，可以形成铍基合金、金属间化合物和合金添加剂，增加合金的硬度和强度，使合金耐腐蚀。

金属铍与溶于液氨的KNH_2作用，有如下反应：

$$Be + 2KNH_2 \longrightarrow Be(NH_2)_2 + 2K$$

铍与酸、碱都反应，但对冷的浓硝酸和浓硫酸有钝化性。

$$Be + 2H_3O^+ + 2H_2O \longrightarrow \left[Be(H_2O)_4 \right]^{2+} + H_2$$

$$Be + 2OH^- + 2H_2O \longrightarrow \left[Be(OH)_4 \right]^{2-} + H_2$$

铍是轻而坚硬的金属，虽然它比较脆，延展性不大，但是它能应用于核动力反应堆。铍的原子量低，因此X射线对它有高的穿透性，又由于铍的高熔点和强度，所以铍适合作为X射线管的窗孔。铍也广泛应用于合金材料。

5.3.2.2 镁

镁是轻金属。镁的电负性为1.31，标准电极电势为−2.36 V，可以看出，镁是一种活泼金属，其化学性质如下所述。

（1）不论在固态或水溶液中，镁都表现出强还原性，常用作还原剂。

高温下，金属镁能夺取某些氧化物中的氧，着火的镁条能在CO_2中继续燃烧：

$$2Mg + CO_2 \longrightarrow 2MgO + C$$

镁可以把SiO_2还原成单质硅：

$$2Mg + SiO_2 \longrightarrow 2MgO + Si$$

从 $\varphi^{\ominus}_{Mg^{2+}/Mg}$ 来看，镁应该很容易与水反应，但由于镁表面生成氧化膜，因此镁不与冷水作用。但镁能与热水反应：

$$Mg + 2H_2O \longrightarrow Mg(OH)_2 + H_2$$

（2）金属镁能与大多数非金属和几乎所有的酸反应。

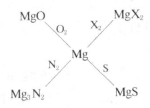

镁只有在加压下与直接反应，生成的氢化镁具有金红石结构。

镁与酸反应但不能与氢氟酸和铬酸反应，这是因为生成的 MgF_2 难溶膜和 Mg 在铬酸中的钝化性所致。

$$Mg + 2H^+ \longrightarrow Mg^{2+} + H_2$$

（3）在醚的溶液中，镁能与卤代烃作用，生成在有机化学中应用广泛的格氏试剂。

$$Mg + RX \xrightarrow{ether} RMgX$$

工业上金属镁的生产通常采用电解法和热还原法。

$$MgO + C \xrightarrow{electrolysis} Mg+CO$$

$$MgO + CaC_2 \longrightarrow Mg+CaO+2C$$

$$MgCl_2 \xrightarrow{750℃} Mg+Cl_2$$

粗镁利用真空升华可以制得99.999％高纯镁。

5.3.2.3　钙、锶、钡

钙是银白色的轻金属，质软。化学性质活泼，能与水、酸反应，有氢气产生。在空气在其表面会形成一层氧化物和氮化物薄膜，以防止继续受到腐蚀。加热时，几乎能还原所有的金属氧化物。

锶呈现银白色带黄色光泽，是碱土金属中丰度最小的元素。在自然界以化合态存在。可由电解熔融的氯化锶而制得。锶元素广泛存在矿泉水中，是一种人体必需的微量元素，具有防止动脉硬化，防止血栓形成的功能。用于制造合金、光电管，以及分析化学试剂、烟火等。质量数90的锶是一种放射性同位素，可作 β 射线放射源。

锶及其化合物的应用价值不大，因为它们能用的地方大都可以用价廉的钙、钡及其化合物来代替。卤化锶、硝酸锶和氯酸锶极易挥发并能使火焰呈亮猩红色,是制造警戒装置、照明弹和曳光弹的材料。碳酸锶可用作彩色电视显像管的材料。氢氧化锶可用于从糖浆中提取糖分,它提取糖分后生成一种可溶性的锶化合物,这种化合物与CO_2反应很容易使糖再生。硫化锶可用作生产脱毛剂和某些光涂料的原料。锶具有延展性,是电的良导体。锶还可在电真空中作消气剂,在冶金中作还原剂。

工业上制取锶和锶盐是将天青石($SrSO_4$)矿磨细,用10%的盐酸浸泡,除去碳酸钙和大部分硫酸钙,使锶、钙分离。然后加入碳酸钠溶液,在60~70 ℃下进行强烈搅拌,大约有85%的硫酸锶($SrSO_4$)转化成碳酸银沉淀。再用盐酸溶解,$SrCO_3$转化成氯化锶($SrCl_2$),过滤除去未反应的$SrSO_4$和石英等。滤液用碳酸钠沉淀出$SrCO_3$,经过洗涤、烘干,作为制取其他锶盐和锶的原料。20世纪70年代以后金属锶大都用铝粉作还原剂的金属热还原法生产锶和熔盐电解法生产锶。

钡是碱土金属中最活泼的元素,银白色,燃烧时发黄绿色火焰。钡的盐类用作高级白色颜料。金属钡是铜精炼时的优良去氧剂。

5.3.3 钙合金

5.3.3.1 钙铝合金

目前生产钙铝合金的主要方法是:以优质的金属钙、金属铝为原料,采用蒸馏罐抽真空,加入惰性气体状态下,经高温加热、恒温液化反应而成。钙铝合金原料与消耗见表5-2。

表5-2 钙铝合金原料与消耗

名称	单位	耗量
金属钙	t	1.512
金属铝锭	t	0.648
电	kW·h/t	187.5
水(循环)	t	30

钙铝合金生产设备包含真空电阻炉、电阻棒、电源柜、控制柜、吊车及蒸馏罐等相关设备。目前，国内钙铝合金加工企业使用的生产设备较为简单，投资规模较小，技术工艺相对成熟。

钙铝合金是良好的复合脱氧剂，在冶金工业中用作还原剂，起到脱氧净化的作用；在蓄电池行业中作为板栅材料，稳定可靠。

5.3.3.2 铅钙合金

目前，铅钙合金的成分一般为：w（Pb+Ca）=0.06%~0.09%；w（Sn）=0.5%~1.0%；w（Al）=0.005%~0.03%。

（1）铅钙合金的优点

铅钙合金以应用在蓄电池中为主，其性能特点与蓄电池密切相关，主要的优点如下：

①析氢过电位比铅锡合金提高约0.2 V，有效地抑制了蓄电池的自放电和负极的析氢量。

②沉淀硬化型铅钙合金显著提高了板栅材料的机械强度，减缓了板栅的膨胀变形。

③导电能力优于铅锡合金，例如含钙0.09%的铅钙合金，其导电性能比含锡7%铅锡合金提高20倍。

④铅钙合金不存在向负极转移问题，过充电流小，水损缓慢，有利于蓄电池的密封。

⑤铅钙合金中加入锡，可以改善浇铸性能，提高机械强度和耐蚀性；锡与钙形成的化合物Sn_3Ca与Pb_3Ca具有同类晶形，是较好的时效硬化系统。

（2）铅钙合金的生产方法

铅钙合金的生产方法可分为间接法与直接法两种。

间接法是将熔融电解法制取的钙铝中间合金（Ca含量75%，Al含量25%；Ca含量80%，Al含量20%）添加到铅液中，配制成铅钙铝合金。

间接法铅钙合金的生产工艺一般是先采用Pb为原料，Ca和Al为添加剂，按一定比例配制成Pb-Ca中间合金，然后再用电解铅、Pb-Ca中间合金为原料，根据客户的要求，添加相应的保护剂等合金元素，配制成各种铅钙合金产品。

直接法通常采用钙块和钙屑（钙的纯度不低于99%）作为添加剂，将钙块和钙屑直接放入铅液中熔炼成铅钙合金。

受钙铝合金含量的限制，铝含量在0.01%以下的铅钙合金不能用钙铝合金生产。

由于间接法生产铅钙合金成本相对较高，钙的利用率低，对铅钙合金生产的工艺要求较高，且受铅钙合金成分限制，技术力量较差的企业很难生产全部型号的铅钙合金产品，因此直接法是铅钙合金生产企业普遍的发展方向，当然较高钙含量的钙铝合金成为了铅钙合金市场的需求。

（3）铅钙合金的生产技术

由于金属钙活性强，钙原料在投放过程中易燃烧，稳定钙的利用率是铅钙合金企业追求的目标，因此钙原料的选择及其添加方式尤为重要。

从安全的角度考虑，选择钙块或钙屑原料辅以特殊的钟罩，将钙块或钙屑加入到铅溶液中可制成铅钙中间合金。生产高铝铅钙合金时，需要投入大量的中间合金，其溶液降温幅度大，难以满足高铝铅钙合金的工艺要求。实践证明，选用钙铝中间合金生产高铝铅钙合金取得了很好的效果。此法向低铝的铅钙合金生产推广，也取得了成功。为了便于生产较低铝含量的铅钙合金，目前普遍选用的是含钙80%的钙铝合金。

出于降低生产成本以及获得高质量的铅钙合金考虑，用钙铝合金和钙块、钙屑作为添加剂是铅钙合金行业的必然选择。

钙在铅钙合金中的含量较低，因此，钙块的化学成分符合《金属钙及其制品》（GB/T4864—2008）要求即可。产品内包装均采用塑料袋充氩气（惰性气体）焊封包装，外包装用开口钢桶密封包装。

一般钙块每桶净重100 kg，每袋10 kg。钙块呈不规则状，尺寸为20~300 mm。由于高杂质钙块会影响铅钙合金的渣率，同时影响板栅的浇铸质量，故此，铅钙合金主要选择使用电解法工艺生产的钙块。

（4）铅钙合金的应用

铅镉钙合金是电动车用蓄电池板栅合金的较好材料，但由于镉对人体的有害性，许多国家都禁用，因此其正逐步被铅钙合金所取代。加之汽车行业的高速发展，作为免维护蓄电池及阀控密封蓄电池的板栅材料，铅钙合金的需求量大幅度增长。

传统蓄电池生产中主要是铅基材料，铅在生产和使用过程中，会对环境和人类造成极大的污染和危害。加入钙制成的铅钙铝锡类合金，是制造免维护蓄电池的绝佳材料，能有效降低铅对自然环境和人类的危害，对废旧电池的有效利用起到辅助功能，已经被广泛应用于交通、医疗、民用家电（如便携式电视、音响）、电子设备、航空、航海、潜水和救援设备中。

5.3.3.3　硅钙合金

日常所见的硅钙产品，大都是从矿石中提取而成。陕西某公司硅钙合金精炼技术的研发成功，加大了金属钙在硅钙合金的市场消费量。钙在硅元素中的价值，是加快硅钙合金工业化进程的推动剂。

随着金属钙工业技术的提升，其钙产品的独立工业应用效果逐渐稳定。金属钙在精炼钢工业中的除渣效果显著，与硅钙合金的性价比相比较，似有逐步抢滩硅钙合金市场势头。可见，钙既是硅钙合金良好的添加材料，又同时迫使硅钙合金面临着市场缩水的尴尬境地。

工业转型升级对专用钢材的质量、性能提出了更高的要求，尤其是对多功能钢材来讲，要研发强度更高、寿命更长的环保新材料，有效降低硅钙合金中非金属夹杂物的含量，提高和改善钢质是钢液精炼的唯一选择。

（1）硅钙合金的应用

金属元素按脱氧能力由强到弱依次是Ca、Ba、Sr、Mg、RE（Ce、La）、Al、Ti、Si、V、Mn、Cr、……从排列中可以看出，钙的脱氧能力最强，其脱碳、脱磷的能力也较强。金属钙可与多种元素合成为多元钙合金。例如，钙与硅能合成三种化合物Ca_2Si、$CaSi_2$和$CaSi$，其中$CaSi$最稳定。硅钙合金的熔点较低，一般为1 253~1 473 K，所以，硅钙合金用于炉外精炼工艺中的脱除杂质工序。

目前，硅钙合金可以代替铝进行终端脱氧，广泛用于优质钢、特殊钢和特殊合金生产。例如，钢轨钢、低碳钢、不锈钢等钢种和镍基合金、钛基合金等特殊合金，均可用硅钙合金作脱氧剂。硅钙合金也适合用作转炉炼钢车间的增温剂，还可用作铸铁孕育剂和球墨铸铁生产添加剂。因此，硅钙合金作为复合脱氧剂的适应范围比较广泛。

硅钙合金不仅脱氧能力强，脱氧产物易于上浮并排出，而且还能改善钢的性能，提高钢的冲击韧性和钢液流动性。

（2）硅钙合金生产工艺创新

针对国产硅钙合金中碳、硫、磷超标的问题，多年来科研人员进行了深入的探讨和实验，在原辅材料的配比、氧碳元素的介入、冶炼工艺的调整、气压温度的控制方面，取得了有力的数据支持，其冶炼工艺也有了新的突破。

碳可溶于某些熔融的金属，在高温时与许多元素相作用。它在自然界中不仅以单质状态存在，而且以很多种化合物状态存在。因此在合金熔炼过程中，几乎所有原辅材料都含有碳元素，而且燃料和溶剂中的碳含量都相当高。这是合金产品中碳元素含量居高不下的根本原因。

碳的熔点为3 500 ℃，升华点为3 652 ℃，沸点为4 832 ℃，其导热系数比金属高。在常规的冶炼工艺中，碳元素是很难被单独分离出来的。根据氧和碳的亲和力，用物理方法充入高纯氧与碳相作用，生成一种新的碳氧化合物体，改变碳的熔点，再升温加热到一定的温度，使碳元素随着氧元素的升温有效排出，可以制得超低含碳量的硅钙合金产品。

硅钙合金的生产工艺创新是采用高功率真空感应炉冶炼工艺流程路线，依据严格的要求来完成。

①将原料、辅料和冶炼溶剂依据比例和次序依次添加入炉。

②将真空炉密封、抽真空、加温、冲氧，物料经过高温氧化反应，将多余的气体排出。

③在达到一定温度时，感应炉自动搅拌物料，并生成硅钙合金产品。

④在出渣口排渣降温后，将硅钙合金浇注到定型槽。

⑤依据市场需求，对冷却后的硅钙合金进行精整、破碎、制粒，并包装入库。

其生产过程中正负气压的精确调整和升温曲线的梯级控制是冶炼工艺中的关键操作，须有熟练的技术工人进行作业。

按照Ca27Si56~Ca31Si57，依次进行不同牌号的硅钙冶炼生产试验，反复调整每个试验项目的元素配方，检测各个批次牌号的化学成分。检测结果表明，有害元素碳、硫、磷的含量均低于国内现行的行业标准。

产品经破碎制粒，加工成硅钙包芯线使用，其脱氧、脱碳、脱硫、脱磷等综合效果显著。

（3）高硅钙合金生产工艺

钙作为脱氧能力大的元素，在钢液中能提高原来脱氧剂的脱氧能力，有效降低硅钙线在钢液中的消耗量。炼钢后期，在钢液中插入用钙粉和铝粉生产的钙铝包芯线进行最终脱氧。

$CaAl_2$是比较稳定的金属化合物，熔点约为1 079 ℃，其钢液温度低于金属钙的蒸汽压，能提高钙的利用率，且不易氧化，不会出现由于密度差造成的成分偏析，也不需要进行钝化处理。$12CaO \cdot 7Al_2O_3$也能提高钢液的脱氧脱硫能力，主要用于低硫低硅的铝镇静钢种的脱氧脱硫。

从理论上说，用高硅钙合金替代钙铝合金产品，充分节约了Al的使用，有效降低了钢铁的生产成本。其采用矿热炉生产高硅钙合金的原料和反应式如下：

$$CaO + 5C + 2SiO_2 \Longrightarrow CaSi_2 + 5CO$$

5.3.3.4　其他金属钙合金

（1）钙易切削钢。这是一种含钙的易切削钢。钢中的钙、铝、硅结合成低熔点的复合氧化物（CaO、Al_2O_3、SiO_2是其中的重要成分），高速切削时，复合氧化物熔解悬浮在刀具表面，起到润滑的作用。如果钢中同时含有硫、铅等元素，润滑效果会更好。

（2）钙铝硅合金。这是一种铁合金，主要用作炼钢的复合脱氧剂。它含有10%~14%钙、8%~12%铝和50%~53%硅，余为铁。

（3）钙硼合金。这是含有61%硼和39%钙的合金，主要用作特种钢冶炼过程的脱氧除气剂。

（4）钙锰硅合金。这是一种用作炼钢复合脱氧剂的合金。它含有17%~19%钙、10%~16%锰和55%~60%硅，余为铁。

（5）铅钠钙轴承合金。这是一种铅基轴承合金。其典型牌号是ChPbCa1-0.7，含有0.85%~1.15%钙和0.6%~0.9%钠，余为铅。

钠溶入固溶体中，可以强化基体。钙与铅形成化合物Pb，Ca而成为分布在基体上的硬质点。这种材料不论是在低温还是在高温下均有足够的硬度和韧性，并具有良好的减摩性和抗冲击性能，广泛用作铁路车辆和拖拉机的轴承。

（6）钙铝吸气剂。这是一种由35%Ca、余为Al组成的蒸散型吸气剂，其吸气化合物为$CaAl_4$和$CaAl_2$。将Ca-Al合金粉末压制成环、片等吸气元件后装入显像管、阴极射线管等内，当加热到蒸散温度970~1 100 ℃时，合金中的金属钙蒸散出并在管内适当部位形成镜面金属薄膜。吸气是靠蒸散瞬间大量吸气以及形成的镜面膜持久吸气。其吸气工作温度为25~200 ℃，但这种吸气剂能减少X射线剂量。

（7）钙-镍系贮氢合金。这是晶体结构为$CaCu_5$型的$CaNi_5$系合金，亦称Ca系贮氢合金。$CaNi_5$为AB_5型金属间化合物，在室温、氢压力小于0.2 MPa下生成$CaNi_5H$、$CaNi_5H_5$、$CaNi_5H_6$三种不同氢化物相，分别称为β、γ、δ氢化物。在$CaNi_5$二元系合金的基础上添加第三、第四元素可以调节该类合金的氢化特性以适应不同的应用需要。

第6章　轻金属基复合材料

　　在轻金属基复合材料中，存在组分间的交互作用和载荷传递，其中许多领域，界面都起着关键作用。轻金属基复合材料在承受载荷时发生的屈服与塑性变形，裂纹的生核和断裂过程，以及材料的显微结构变化，都是人们关注的焦点。本章首先对轻金属基材料的性能、界面反应、强化与断裂进行了介绍，然后在此基础上对铝基复合材料、镁基复合材料、钛基复合材料的组织结构与性能进行了详细叙述。

6.1　轻金属基复合材料概述

6.1.1　轻金属基复合材料性能设计

　　轻金属基复合材料的特点，是通过不同的轻金属基体与不同增强体以不同方式复合来控制其性能。理解复合材料力学行为的核心，是基于基体与增强体间载荷分配的概念。在材料中，各点间的应力可以不同，但各组成部分

所承担的外加载荷比例可以用它们中的体积平均载荷推算。在平衡态，外加载荷必须等于基体和增强体按体积平均载荷的总和，即

$$\sigma_A = f\bar{\sigma}_f + (1-\varphi)\bar{\sigma}_M$$

上式确定在外加应力 σ_A 下，增强体的体积分数为 φ 时，基体与增强体的体积平均应力 $(\bar{\sigma}_M, \bar{\sigma}_f)$。只要处于弹性范围，这个比例与外加载荷无关，它反映复合材料本身的重要特性，通常称为混合定律。

6.1.1.1　连续纤维增强轻金属基复合材料的强度

在连续纤维轻金属基复合材料中，轻金属基体是作为传递和分散载荷给纤维的媒体，因而其力学性能除了与轻金属基体及纤维的力学性能和体积分数相关外，还与金属和纤维界面的黏接强度和状态、纤维的排列状态等有关。

纤维增强轻金属基复合材料的破坏，主要是由纤维断裂所引起，因而其强度可近似地用混合定律来计算。对一个片层轻金属基复合材料，当纤维开始断裂时的复合材料拉伸强度 σ_{Cu} 为

$$\sigma_{Cu} = \varphi\sigma_{fu} + (1-\varphi)\sigma_{M^*} \qquad (6-1)$$

式中，σ_{fu} 为纤维拉伸强度；σ_{M^*} 为纤维断裂应变 σ_{fu} 相对应的轻金属基体的拉伸应力。假定纤维开始断裂时轻金属基复合材料应力不会增加，即 $\sigma_C = \sigma_{Cu}$，此时纤维将逐步裂开成更短的纤维。当纤维体积分数 φ 很小时，由上式算出的失效应力值比相应于以孔洞取代纤维的轻金属基体值 $(1-\varphi)\sigma_{Mu}$ 还小，这是不真实的。只有纤维的体积分数 φ 大于 φ' 时，才可以使用式（6-1），φ' 称为纤维的最小体积分数，可表示为

$$\varphi' = \frac{\sigma_{Mu} - \sigma_{M^*}}{\sigma_{fu} - \sigma_{M^*} + \sigma_{Mu}}$$

实际数据在 φ 大于 φ' 时与上式相吻合。

纵向弹性模量E，亦可用混合定律表示。根据纤维和基体等应变假设，得到

$$E_{Cl} = E_f \varphi + E_M \left(1 - \varphi\right)$$ （6-2）

式中，E_f 和 E_M 分别为纤维和轻金属基体的弹性模量。实际值与式（6-2）计算值略有偏差，这与纤维排列的实际状态等有关，需要按式（6-3）加以修正。

$$E_{Cl} = k \left[E_f \varphi + E_M \left(1 - \varphi\right) \right]$$ （6-3）

6.1.1.2 非连续轻金属基复合材料的强度

混合定律应用于短纤维（包括晶须）时，应考虑其长度对直径比 L/d 和基体抗剪强度 τ_{Mu} 有关。短纤维增强轻金属基复合材料的强度 σ_{Cu} 为

$$\sigma_{Cu} = \bar{\sigma}_f \varphi + \left(1 - \varphi\right) \sigma_M$$

短纤维长度不同时，最终表达式有差别。若纤维长度 L 小于临界长度 L_c，则纤维的最大应力达不到纤维的平均强度，纤维不会断裂，破坏是由于界面或基体破坏所造成的。直径为 d_f 的纤维平均强度 $\bar{\sigma}_f = \tau_{My \cdot L}/d$，材料的强度 σ_{Cu} 近似表示为

$$\sigma_{Cu} = \frac{\tau_{My \cdot L}}{d_f} \varphi + \sigma_{Mu} \left(1 - \varphi\right)$$

若纤维长度 $L > L_c$，纤维的应力达到其平均强度，纤维所受的最大应力达到其平均强度时，材料开始破裂。纤维的平均强度 $\bar{\sigma}_f = \sigma_{fu} \left(1 - \dfrac{L_c}{2L}\right)$，此时轻金属基复合材料的强度表示为

$$\sigma_{Cu} = \sigma_{fu}\left(1 - \frac{L_c}{2L}\right) + \sigma_M\left(1 - \varphi\right)$$

也可以求得短纤维的最小体积分数 φ'，当实际 $\varphi > \varphi'$ 时，上式才能应用。只是短纤维的 φ' 值比连续纤维的要高，因为短纤维的增强作用不及连续纤维那样有效。

6.1.1.3　颗粒增强轻金属基复合材料的强度

颗粒增强轻金属基复合材料的强化机制是弥散强化。若 G_M 为轻金属基体的切变模量，颗粒间距为 D_p，当切应力 τ 大到使位错曲率半径 $R = D_p/2$ 时，位错即开动。使轻金属基体发生塑性变形，切应力必须达到：

$$\tau = G_M b / D_p \tag{6-4}$$

颗粒的直径 d_p，体积分数 φ 与颗粒间距 D_p 之间满足关系：

$$D_p = \left(2d_p^2 / 3\varphi\right)^{\frac{1}{2}}\left(1 - \varphi\right)$$

在外加载荷作用下，在轻金属基体与颗粒界面上作用应力 τ 为

$$\tau = n\sigma$$

式中，n 为位错塞积数；σ 为外应力，与式（6-4）比较，则 $n = \sigma D_p / G_M b$，将其代入上式即得

$$\tau = \sigma^2 D_p / G_M b$$

若 τ 等于颗粒强度 σ_{pb} 时，颗粒开裂，引起材料变形，则

$$\tau = \sigma_{pb} = \frac{G_p}{C} = \sigma_{cy}^2 D_p / G_M b$$

式中，σ_{cy} 为轻金属基复合材料的屈服强度；C 为表征颗粒特性的常数；G_p 为颗粒的切变模量。

6.1.2 轻金属基复合材料中的界面反应

轻金属基体和增强体之间的界面区域的厚度在纳米级到微米级。在轻金属基复合材料中，界面的作用很关键，强化取决于载荷从轻金属基体跨过界面传递到增强体上，韧性受裂纹通过界面发生偏转和纤维拔出的影响，塑性受靠近界面的峰值应力的松弛的影响。另外轻金属基复合材料在制作过程，或在高温工作条件下，需要控制组合之间在界面的化学反应，以获得适宜的界面的黏结强度。这种化学反应造成界面区域复杂的化学成分、相组成和显微结构。这些界面反应显著改变界面的性质。

根据界面反应的程度，可以将其分为三类。

（1）弱界面反应。轻金属基体与增强体之间发生浸润，形成直接与原子结合的界面结构或仅有少量细小尺寸的反应产物，界面黏结强度较好，对增强体没有发生损伤和轻金属基复合材料性能下降。

（2）中等程度界面反应。轻金属基体与增强体之间发生界面反应，生成反应产物，对增强体造成损伤，界面结合强度增加，不会产生脆性破坏。

（3）强界面反应、界面产生粗大的脆性相和脆性层，并造成增强体的损伤，性能下降，导致轻金属基复合材料的性能剧烈下降。

6.1.2.1 铝基复合材料中的界面反应

铝是高度活泼的金属，可还原大部分氧化物和碳化物，故可与大部分增强体起反应。由于表面有 Al_2O_3 层，故反应速度通常较慢。

铝与碳反应生成 Al_4C_3，在室温至 2 000 K 之间，其标准生成热均为负值，都能生成。Al_4C_3的成分可在一定范围内变化。低温下，铝与碳之间的反应速度非常慢，在界面仅生成少量尺寸细小的Al_4C_3。而在400~500 ℃内，两者间有明显的作用。铝中加入w（Zr）为0.5%时，能有效抑制高温下碳和铝的反应，形成稳定的界面。

铝与硼的复合材料中，界面可能存在AlB_2和AlB_{12}。但因铝基成分不同，平衡时的产物为二者之一。如纯铝（L4~L6）最终产物为AlB_2；若为铝合金Al6061（LD2），则最终产物为AlB_{12}。

铝与碳化硅反应生成Al_4C_3和Si，在900 K时，ΔG为-88.5 kJ/mol，温度低于620 ℃时，铝与碳化硅实际上不能作用。提高硅在铝熔体中的浓度，可以促进逆反应，以减少反应程度，改善相容性。铸造的铝基复合材料通常为含硅的铝合金，故在界面只有非常薄的反应层，约几纳米厚。铝与碳化硅的浸润性不好。在热处理过的Al–Mg/SiC复合材料中，界面反应产物有薄层Al_4C_3，提高了界面黏结强度，阻碍界面滑动并明显提高弹性模量。

铝与氧化铝在1 000 ℃以下的浸润性差。采用液态法制造Al–Al_2O_3，复合材料时，铝与Al_2O_3会发生反应。若向铝中添加锂（w（Li）<3%），既可抑制反应，又可改善铝对氧化铝的浸润性。

镁存在于铝合金基体中时，可显著提高界面活性。如铝合金基显微复合材料中存在以SiO_2为基的黏结剂时，纤维富硅的表面层渗透了镁，这便明显提高了黏结强度。

6.1.2.2　镁基复合材料中的界面反应

在低温用基体中，多种镁基复合材料的热力学稳定性一般是合适的，镁与碳不起反应，不生成热力学上稳定的碳化物，镁与碳化硅间的反应在热力学上非常勉强，镁中加入锂时也如此，在高温下，Mg–Li合金中的碳化硅晶须不受侵蚀。镁与氧反应强烈，生成MgO或MgO·Al_2O_3尖晶石。

6.1.2.3　钛基复合材料中的界面反应

钛和硼反应生成TiB_2，从室温到高温都稳定。

钛及钛合金很容易与大部分增强体反应、但不同的钛–增强体体系的反应特性有显著差异。增强体为SiC时、制造钛基复合材料的扩散黏结过程中，会产生明显的界面反应。反应层厚度约$1\mu m$，对性能有害。TiB_4与钛的反应速率明显比SiC与钛的反应慢，B_4C与钛的反应速率处在前两者反应速率之间。对于钛及钛合金，目前还没有理想的陶瓷增强体，若在增强体表面产生覆盖层，可防止或延后有害的界面反应。

6.1.3　轻金属基复合材料的强化与断裂

要描述轻金属基复合材料的形变和强化现象，需要考虑纤维和颗粒存在所引起的显微组织的影响。

6.1.3.1　轻金属基复合材料的强化

轻金属基复合材料中，一定比例载荷由增强体承担，其余为轻金属基体承受，它取决于增强体的体积分数、形状及取向，也取决于这两者的弹性性质。增强体的强度和刚度通常均高于轻金属基体，若增强体承受较高比例的外加载荷，则这种增强体起着非常有效的强化作用。

连续纤维增强轻金属基复合材料的连续纤维是重要承载物体，充分发挥其增强作用，即所谓纤维强化作用，而轻金属基体主要起固定纤维的作用，但其强化作用受纤维与轻金属基体界面状态的影响很大，后面将进一步讨论。

在非连续增强轻金属基复合材料中，轻金属基体是主要承载物，因此要考虑纤维和粒子存在所引起的显微组织的影响。

（1）细晶强化

不连续增强轻金属基复合材料具有极细的晶粒尺寸，远比非增强基体金属细小颗粒尺寸不同，对再结晶有两种影响。当颗粒尺寸较小（$\varphi/d > 0.1\mu m^{-1}$），颗粒会钉扎大角晶界；若颗粒尺寸较大（大于$1\mu m$），颗粒会促进再结晶形核，使复合材料获得极细小晶粒。估计细晶强化的最简便方法是假设每一个粒子是一个核心形成的单品。这样可以用Hall-Petch关系来估算细晶强化的贡献，其表达式为

$$\Delta \sigma_{\mathrm{YM}} \approx \beta D^{-1/2} \left(\frac{1-\varphi}{\varphi} \right)^{1/6}$$

式中，β 为多因素的因子，其典型值约0.1 MPa·m$^{1/2}$，若颗粒的直径 D 减小至1 μm，估算其对屈服强度的增强约100 MPa，实践表明，典型的增强值约几十兆帕。

（2）弥散强化

时效强化合金中的Orowan强化，在颗粒增强轻金属基复合材料中并不显著。颗粒尺寸和颗粒间距大于时效强化合金，而且许多增强颗粒处于基体中的晶粒边界。但对时效强化型基体金属，增强剂颗粒对在基体金属中沉淀相的尺寸和分布有很大的影响。如增加由缓解热错配应变而引起的位错密度，可以加速沉淀相的形核，提前达到强度峰值。

根据大量不连续增强轻金属基复合材料的力学性能测试结果表明有下列趋势：

①加入增强剂均提高屈服强度和拉伸强度。

②屈服强度随增强体的体积分数增加而提高，但拉伸强度并不总有类似效果。

③晶须比颗粒增强效果更有效。

④对晶须增强轻金属基复合材料，屈服强度的增加通常在压缩时比在拉伸时为大，在晶须排列的横向，拉伸屈服强度的增加比平行晶须排列方向为大。

6.1.3.2　轻金属基复合材料的断裂

（1）连续长纤维金属基复合材料的断裂

对承受轴向应力下的轻金属基复合材料，因为连续长纤维是主要承载体，轻金属基体和连续长纤维承受相同的轴应变，两者承受与其杨氏模量或正比的应力。由于轻金属基体表现出韧性，所以基体的失效应变要大于纤维的失效应变，但基体开始塑性变形的应变通常小于纤维的失效应变。

横向拉伸断裂受界面黏结本质、纤维分布、空洞的存在等因素的影响，横向强度通常远小于未增强的轻金属基体的强度，且失效应变更低。若界面黏结很弱，裂纹倾向于在界面形成，并穿过基体高应力断面连接起来，若界面黏结很强，裂纹能在纤维中生成。

剪切断裂易于在纤维方向所在平面出现。剪切强度受到决定横向拉伸强度相同因素的影响。

（2）不连续轻金属基复合材料的断裂

不连续轻金属基复合材料的断裂是通过基体内孔洞的形成和连接而发生的。

实验观察结果表明，短纤维很少开裂。一般来说，当颗粒尺寸很大时，颗粒开裂才是颗粒增强轻金属基复合材料断裂的重要失效机制。例如Al-SiCp，体系，当颗粒尺寸大于20 μm时才使颗粒断裂导致复合材料失效。

孔洞通常在增强体附近形核，并因三轴应力高和基体加工硬化程度增加而加剧。界面应力不仅由外加载荷引起，而且由不均匀热收缩和基体的优先塑性流变引起。促进孔洞形成所需的应力状态取决于孔洞形核具体的细节。如果孔洞起源于基体内，则多半是界面黏结强，因而要产生孔洞，必须超过一个表征基体材料的临界水静压力 σ_H 才行。对黏结较弱的界面，必须超过临界法向应力 σ_r，才能使增强体与基体脱黏而出现孔洞。目前，由于实验数据很少，尚无任何体系的、可靠的 σ_H 或 σ_r 值。但对在给定的宏观一般速度下，可估计局部应力的函数的孔洞生长速度。促进孔洞形成的组织因素有粗的增强体颗粒，处于晶界处的增强体颗粒，颗粒分布不匀的颗粒集聚区，垂直于载荷的大颗粒的表面，颗粒表面的脆性反应层等。

形成孔洞所需的应变对界面黏结强度很敏感。弱黏结的增强体的体系就在很低应变下产生孔洞；而和基体金属黏结很牢的增强体，就需要更大的局部应变去产生足以引起界面脱黏或基体形成孔洞的局部应力。

孔洞的粗化过程要考虑孔洞首先在高的局部水静应力处形成，并在一定条件下以塑性撕裂机制相互连接。

研究表明，在孔洞形成过程中塑性功起主要作用，是决定复合材料断裂韧性的主要因素。微观组织对非连续增强体的轻金属基复合材料的韧性和裂纹扩展有极重要的作用。

对疲劳裂纹途径起源的研究表明，已开裂和相互接触的颗粒处、纤维和晶须的末端，这些应力集中处是易于发生疲劳裂纹的位置。裂纹能借助许多微观机制长大，这取决于界面强度、基体加工硬化和增强体的完整性等因素。对Al-20μmSiC$_p$颗粒增强体系，疲劳裂纹主要借助于颗粒两极附近基体产生的孔洞而传播，也观察到在裂纹前端的颗粒裂开，然后和主裂纹连接。固接不好的颗粒团聚区存在疏松，也促进裂纹扩展。角状颗粒和塑性功起主要作用，是决定复合材料断裂韧性的主要因素。非连续增强体大的球状颗粒容易诱发孔洞形成，因为小的角状颗粒的棱角虽然可引起局部应力集中，但通过微塑性流变而松弛，延缓了孔洞萌生。而大的球状颗粒在垂直外加载荷的球面两极所发展的高水静应力极可能诱发孔洞萌生。在这个意义上讲，大的球形颗粒和末端平整的碎片有同样的效果。因而球形颗粒与角状颗粒比较，孔洞萌生和长大的速度低得并不多。

对增强体的颗粒尺寸的影响的研究表明，在尺寸分布很分散的颗粒系中，最大的颗粒最易断裂，而细小颗粒很少断裂。即使有这种差别，在实际轻金属基复合材料中，采用优良的颗粒尺寸分布几乎得不到什么好处，粗颗粒体系和细颗粒体系的伸长率仍很相近。在Al-SiC$_p$体系，在研究断裂韧性与尺寸的关系时发现，除了非常大（250μm）的颗粒外，所有颗粒体系的断裂韧性在很大程度上和颗粒尺寸无关。因为大颗粒体系和小颗粒体系失效的机制有所转变，从大颗粒以颗粒开裂为主转变到小颗粒以颗粒两极脱黏为主。

有关界面黏结强度对失效的影响的资料甚少，大多数研究集中在界面黏结很好的Al-SiC$_p$体系。但在对Fe-Al$_2$O$_3$体系的研究表明，通过合金化增加界面黏结强度，复合材料的塑性可提高达4倍。在Al-B$_4$C$_4$体系中也有相似结果。在Ti-SiC$_p$体系中，由于发生界面反应过程，结果韧性逐渐降低。

对增强体在复合材料中的分布情况的研究表明，最有利的裂纹形核位置处于增强体局部分布密集区。裂纹扩展时，颗粒团聚区能以两种不同方式之一激发裂纹形核。其一，在裂纹尖端应力作用下，若各颗粒彼此间独立移动，则约束引起非常大的塑性应变，并且裂纹优先穿过颗粒团聚区。因为此时颗粒间不完全浸润，且常存在孔洞。其二，若团聚的颗粒群同一个单独的大颗粒一样发生移动，颗粒之间的轻金属基体应变很小，并且颗粒团可以使裂纹偏转。

轻金属基体的时效状态下，考查轻金属基体在高度约束条件下的流变应力时，基体能承受应力大小是极为重要的。在Al-SiC$_p$体系中，自然时效（T4）后，塑性应变是均匀的，颗粒开裂现象普遍，有较高的伸长率。而经人工时效到最高强化状态（T6）后，延伸集中在失效区，颗粒断裂仅限于断裂区内，伸长率随强度增加和应变区集中而减少。

时效条件的变化能够引起断裂微观机制的改变。如在Al-Zn-Mg-Cu合金-20% SiC（颗粒尺寸为4 μm）复合材料中，欠时效状态断裂面积百分比近似等于假设断裂是由颗粒裂开引起所预测的值。而在过时效状态下的实测值明显比预测值小。这说明断裂主要出现在铝合金基体中，特别是在增强体附近基体的无沉淀区。这种微观机制的变化并不反映在断裂韧性值上。

6.1.3.3　轻金属基复合材料的磨损

磨损的机制均为塑性流变和断裂，二者均可导致材料表面发生凹坑和脱落。材料提高硬度会使塑性流变降低，但又会增加断裂倾向。故只有高硬度和高断裂韧性的适当分配才有最佳的耐磨性。研究表明，在铝和钢等合金中含有SiC和Al$_2$O$_3$粒子或纤维时，其耐磨性都得到提高。增强体陶瓷粒子量越多，尺寸越大，则耐磨性越高。耐磨性的改善是由于硬质增强体颗粒或纤维受到突出点或磨料颗粒的冲击时粒子或纤维不受影响。在相同增强体材料和相同尺寸在改善耐磨性方面，纤维的作用并不显著优于颗粒的作用。另外，增强体的直径相对于耐磨颗粒尺寸是重要因素。

6.1.3.4　轻金属基复合材料的蠕变特点

颗粒和短纤维增强轻金属基复合材料的等温蠕变显示出与弥散强化合金相似，其蠕变速率与未经增强的基体合金比较起来是相当低的。

连续纤维增强轻金属基复合材料比短纤维和颗粒增强轻金属基复合材料具有更大的蠕变抗力。因为高强度的连续长纤维承担了所有载荷，复合材料的蠕变速度依赖于长纤维的蠕变特征。

6.2 铝基复合材料组织结构及性能

铝基复合材料是以铝或铝合金为基体，增强相以纤维、晶须、颗粒等形式存在，通过特殊手段使其结合为一体所形成的一类材料。

6.2.1 长纤维增强铝基复合材料

目前主要的长纤维铝基复合材料是硼-铝复合材料、碳（石墨）-铝复合材料、碳化硅-铝复合材料、氧化铝-铝复合材料等。

6.2.1.1 铝-硼复合材料

硼纤维具有高的力学性能，单丝的制造工艺较成熟。为防止硼与铝的界面反应，已有三种硼纤维的化合物涂层，它们是SiC、B_4C和BN。铝-硼复合材料的制造方法为：先用等离子喷涂法获得铝-硼无结带，再将其用热压法制成零件。由于固态热压温度较低，界面反应较轻，不会过分影响复合材料的性能。

随着硼纤维体积分数增加，铝基复合材料的抗拉强度和弹性模量增高。图铝-硼复合材料有优异的疲劳强度，含硼纤维体积分数为47%时，10^7循环后室温的疲劳强度约550 MPa。

对铝基复合材料的断裂韧性来说，硼纤维的直径越粗，材料的断裂韧性越高。

基体铝合金的性能对复合材料的断裂韧性影响很大，基体的抗拉强度越高，断裂韧性越低。

硼纤维增强铝基复合材料由于比强度和比模量高，尺寸稳定性好，主要用于航天器、卫星、空间站的结构件；由于其膨胀系数与半导体芯片非常相近，可做多层半导体芯片的支座散热板。

6.2.1.2　铝-碳（石墨）复合材料

碳（石墨）纤维具有密度小，力学性能优异的特点。铝与碳（石墨）纤维发生明显作用的温度为400~500 ℃，界面生成Al_4C_3纤维的石墨化程度高，其反应程度也稍高。T300碳纤维与铝反应生成Al_4C_3的温度高于400 ℃，而M40石墨纤维反应的温度高于500 ℃。因而在制成复合材料中，界面不可避免产生Al_4C_3，影响了材料的性能。为减少界面反应，采用在碳（石墨）纤维上涂层，起阻碍作用。可采用化学气相沉积法在碳（石墨）纤维上生成涂层，一般SiC涂层效果最好，TiN涂层次之。为改善与熔融铝之间的润湿性，往往在SiC涂层外再涂一层铬。

碳纤维的长度与直径比例对铝碳复合材料的性能有很大的影响。在Al-Si/C纤维复合材料中，当长径比由小增大时，开始抗拉强度增加；当长径比继续增加到较高时，抗拉强度又开始下降。存在一个最佳长径比。如Al-Si/50%（体积）碳纤维复合材料，当长径比由8加到100时，抗拉强度由550 MPa增加到770 MPa；当长径比增加到1 000时，又下降到300 MPa，又如碳纤维表面经SiC和Cr双重涂层后，当碳纤维的长径比从6.5增加到400时，复合材料的抗拉强度从800 MPa增加到940 MPa，若继续增加长径比，抗拉强度开始下降，达到1 180时，即降为650 MPa。

碳纤维经石墨化处理得到的石墨纤维增强铝基复合丝，界面反应产生的Al_4C_3含量较少，可使复合丝的抗拉强度与理论值比较接近，可达78%~94%；而碳纤维制得的复合丝因Al_4C_3含量高，使复合丝的抗拉强度仅为理论值的28%。所以，碳纤维必须经表面涂层后方能用作铝基复合材料的增强体。

铝合金基体中不同的元素对铝碳复合材料的性能有不同影响。铝合金中高硅含量可保护碳纤维，减少界面Al_4C_3含量。含铜时，$CuAl_2$析出于界面，改变界面结构，也降低复合材料性能。铝基体中加入一定量钛，使界面反应的激活能增加，反应速度显著减慢，界面生成TC和TiO_2，保护碳纤维。与纯铝基体相比，Al-Ti合金为基体的复合材料有较高的室温抗拉强度，并随升高温度开始软化。

由于使用了不同类型的碳（石墨）纤维和基体铝合金，不同的制造工艺，加上（石墨）纤维性能的离散，所得到的碳（石墨）纤维增强铝基复合材料的性能值较分散。

Al合金/60%碳纤维复合材料具有轴向刚度高，密度低，超低轴向热膨胀。用于NASA的哈勃太空望远镜卫星上的一种构架悬臂波导结构。它在工作时温度变化大，要求有极高的尺寸精度及稳定性。上述Al-C纤维复合材料最合适，它比原来使用铝和碳-树脂复合材料设计质量减轻30%，并有较大的环境稳定性，避免树脂材料在有离子放射性作用时的化学降解作用。它同样可用于人造卫星抛物面天线、照相机波导管和镜筒、红外发射镜等。

6.2.1.3　铝-碳化硅复合材料

碳化硅纤维具有优异的室温和高温力学性能和耐热性，与铝的界面状态较好。由于有芯碳化硅纤维单丝的性能突出，复合材料的性能较好。有芯SCS-2碳化硅长纤维增强6061铝合金基复合材料在碳化硅体积分数为0.34时，室温抗拉强度为1 034 MPa，拉伸弹性模量为172 GPa，接近理论值。其抗压强度高达1 896 MPa，压缩模量为186GPa，无芯Nicalon碳化硅纤维增强铝基复合材料在碳化硅体积分数为0.35时的室温抗拉强度为800~900 MPa，拉伸弹性模量为100~110 GPa，抗弯强度为1 000~1 100 MPa，在室温到400 ℃之上能保持很高的强度。铝-碳化硅纤维复合材料可作飞机、弹导结构件以及发动机构件。

6.2.1.4　铝-氧化铝复合材料

氧化铝长纤维增强铝基复合材料具有高刚度和高强度，并有高蠕变抗力和高疲劳抗力。氧化铝纤维的品体结构有 $\alpha-Al_2O_3$ 和 $\gamma-Al_2O_3$ 两种。不同结构的氧化铝纤维强化的铝基复合材料在性能上有差别。A/50%（体积） $\alpha-Al_2O_3$ 复合材料和Al/50%（体积） $\gamma-Al_2O_3$ 复合材料性能特点的比较见表6-1。含少量锂的铝锂合金可抑制界面反应和改善对氧化铝的润湿性。氧化铝纤维增强铝基复合材料在室温到450 ℃范围保持很高的稳定性。如Al/50%（体积） $\gamma-Al_2O_3$ 复合材料在450 ℃抗拉强度仍保持在860 MPa，拉伸弹性模量只由150 GPa改变到140 GPa。

表6-1 50%氧化铝纤维增强铝基复合材料性能的比较

纤维种类	体积质量/(g/cm³)	抗拉强度/MPa	弹性模量/GPa	抗弯强度/MPa	弯曲强度/GPa	抗压强度/MPa
$\alpha-Al_2O_3$	3.25	585	220	1 030	262	2 800
$\gamma-Al_2O_3$	2.9	860	150	1 100	135	1 400

6.2.2 短纤维增强铝基复合材料

短纤维增强体主要有氧化铝和硅酸铝。硅酸铝的化学式为$3Al_2O_3 \cdot 2SiO_2$，是晶态结构。非晶态硅酸铝中SiO_2含量（质量分数）超过化学式量。氧化铝短纤维增强的铝合金复合材料的室温强度并不比基体铝合金高，但在较高温度范围的强度保持率明显优于基体铝合金。短纤维增强表现在复合材料在室温和高温下的弹性模量有较大提高，而热膨胀系数有所降低，耐磨性改善，并有良好的导热性。氧化铝短纤维增强铝合金复合材料已大量应用于柴油机活塞、缸体等。

6.2.3 晶须和颗粒增强铝基复合材料

晶须和颗粒增强铝基复合材料由于具有优异的性能，生产制造方法简单，其应用规模越来越大。目前应用的晶须和颗粒增强体主要是碳化硅和氧化铝。增强体的存在既影响基体铝合金的形变和再结晶过程，又影响其时效析出行为。由于铝基复合材料形变后基体的储存能比相同的未增强合金的高，所以它的再结晶温度更低。

在基体铝合金中，Al-Cu系中的θ'相和2124合金中的S'相的析出会因为增强体颗粒的含量逐渐增加而逐渐降低θ'相或S'相的形成温度，加速时效硬化过程。

SiC晶须增强Al-Ci-Mg-Mn系的2124铝合金复合材料随着SiC晶须含量增加，抗拉强度和弹性模量都增加。材料经固溶处理及自然时效。由于基体铝合金的强度高，SiC晶须增强后复合材料的强度高。SiC晶须对室温和150 ℃以下的弹性模量有较大的增加。SiC晶须增强铝基复合材料可经受挤压加工成型材。

热处理状态对SiC晶须增强2124铝合金复合材料的弹性模量影响较小，而对强度和伸长率影响较大，碳化硅晶须增强铝基复合材料用于制造导弹和航天器的构件和发动机部件、汽车的汽缸、活塞、连杆、飞机尾翼平衡器等。

碳化硅颗粒增强铝基复合材料的制造方法有浆体铸造法、粉末冶金法，制成坯后再经热挤压。亦可将二者机械混合后直接热挤压成复合材料。随SiC颗粒体积分数的增加，SiC颗粒增强铝基合金复合材料的强度随着升高。

6.2.4　Al/SiC双连续相复合材料

三维连续相增强铝基复合材料又称双连续铝基复合材料，其增强相和铝（铝合金）基体均呈现空间拓扑结构。这种组成相的空间结构特殊，使得该种复合材料相比传统的颗粒增强或纤维增强等非连续相增强复合材料而言，每一种组成相的物理力学特征都能够有效保留，从而为铝基复合材料的设计和应用提供新思路。通常情况下，这种新型空间结构Al基复合材料的增强相是SiC、Al_2O_3、SiO_2等无机陶瓷相。

目前，SiC陶瓷因其具有质量小、强度高、硬度高及导电性和导热性好等优点，使得SiC陶瓷成为铝合金中的增强相的热门备选材料之一。作为一种典型的三维连续相增加铝基复合材料，Al/SiC双连续相复合材料同时将SiC相和Al相的特征予以保存。SiC相和Al相的三维连续网络分布也对复合材料的物理和力学性能产生了积极影响。这些因素使得该种新型复合材料具有较为广阔的应用前景。随着科学技术的不断发展，SiC陶瓷和Al及其合金的原料价格不断下降，生成设备较为普遍，制备工艺也日益成熟。这就为Al/SiC双连续相复合材料实现工业化生产及其普遍应用奠定了基础。

与传统的颗粒、纤维等非连续相增强的Al/SiC复合材料相比，由于Al/Si双连续相复合材料中组成相空间结构的复杂性，使得其具有独特的力学和物理性能。Al/SiC双连续相复合材料空间结构复杂，组成相之间结构互锁作用突出，Al相对SiC陶瓷相的约束作用显著，使得Al/SiC双连续相复合材料具有优越的力学性能。对于这种新型结构的Al/SiC双连续相复合材料而言，影响其力学性能的因素主要有以下四个方面。

（1）Al/SiC双连续相复合材料中的缺陷

由于这种新型的Al/SiC双连续相复合材料是以熔体浸渗法为主，致使其在制备过程中更易出现缺陷，并且缺陷会造成复合材料力学性能的显著降低。因此，尽量控制和减少Al/SiC双连续相复合材料中的缺陷是评价复合材料制备工艺的重要指标之一。

对于Al/SiC双连续相复合材料，宏观缺陷主要是指因Al合金未能完全填充SiC预制体中的孔隙而形成孔洞、Al合金在冷却过程中所形成的缩孔或缩松、多孔SiC预制中的盲孔及复合材料组成相的界面开裂等。而微观缺陷主要有Al合金的微观偏析、Al/SiC界面局部的不连续及复合材料中的微观裂纹等。宏观缺陷的出现会直接影响复合材料的致密度，从而使得其力学性能大幅度降低；微观缺陷的出现则会造成复合材料局部区域弱化甚至失效，降低复合材料的均质性，在复合材料受载荷时，裂纹在这种弱化区域萌生的倾向较大。

（2）SiC相的体积分数及多孔SiC预制体孔径尺寸、孔隙形貌及分布、孔壁厚度等特征参数

通常情况下，在Al/SiC双连续相复合材料中，SiC陶瓷相作为增强相是复合材料强度的主要贡献相。因此，Al/SiC双连续相复合材料中，SiC相的体积分数会直接影响其力学性能。当Al/SiC双连续相复合材料中SiC相的体积分数较低时，且在SiC体积分数相同和预制体孔隙率保持不变的情况下，复合材料的硬度和抗弯强度随着SiC预制体孔径的增大而提高。而当SiC相性能参数保持不变时，Al相材料的硬度和抗弯强度越高，其复合材料的硬度值和抗弯强度也越高。但是，对于高体积分数SiC相的Al/SiC双连续相复合材料（通常

SiC的体积分数≥80%）而言，由于Al相体积分数有限，因此SiC相的性质特征对复合材料强度起到决定性作用。

而SiC预制体的孔径尺寸、孔隙形貌及分布、孔壁厚度等特征，主要对复合材料中两相分布均匀性及两相界面处的应力分布产生重要影响，从而影响复合材料的整体力学性能。

（3）Al基体的微观组织结构

与传统的非连续相增强Al基复合材料类似，作为基体相的Al或者Al合金的微观组织结构，对这种新型Al/SiC双连续相复合材料的力学性能产生重要的影响。在复合材料中，Al相填充在三维贯通的SiC管道中，在凝固过程中，多数情况下，Al相以SiC孔壁为其核心进行异质形核，因此，在这种复合材料中，Al相的晶粒尺寸相对较小。添加合金元素和合金热处理的传统方法仍然是提高复合材料力学性能的有效手段，能够直接优化复合材料中Al相的微观组织，但是也会对Al/SiC界面的组织结构产生重要影响。若合金元素添加或者热处理不当，反而会弱化两相界面结合，造成复合材料力学性能的下降。因此，应综合考量合金化和热处理对Al/SiC双连续相复合材料的力学性能的影响。

（4）Al/SiC界面组织结构

相比非连续SiC相增强型Al基复合材料，Al/SiC双连续相复合材料的界面面积较大，且界面呈连续分布，这就使得界面特征对复合材料力学性能的影响更为显著，并且Al/SiC界面组织结构特征对复合材料力学性能影响也较为复杂。

目前，针对Al/SiC界面的研究，主要集中在以下三个方面：①Al/SiC界面性质的研究，主要包括Al/SiC两相结合机制、界面反应及扩散机理等研究；②SiC和Al两相在界面处晶体学取向关系的研究；③Al/SiC界面结合强度及界面结合能的研究。

对于Al/SiC界面结构，可以用以下四种模型来诠释其结合特征：①SiC和Al两相通过原子间相互作用直接结合，这是一种比较强的冶金结合方式。这种结合方式中，Al/SiC界面洁净平直，且在两相之间缺乏有效的互相扩散。②SiC和Al在界面处发生化学反应，生成相应反应产物（如Al_4C相），并以此种方式实现两相的结合。Al/SiC界面处析出片层状或颗粒状的Al_4C_3相，Al/

SiC界面呈现锯齿状。③在两相界面处引入特定反应层（如Al_2O_3、SiO_2层），作为其过渡层分别连接SiC和Al。④SiC和Al两相通过原子扩散的方式结合。SiC和Al两相即使在2273K的高温下，也缺乏有效的相互扩散作用。

只有在Al相接近熔化时，SiC和Al在界面处才有可能发生化学反应，生成相应的Al_4C_3相，反应方程式如下

$$4Al(l)+3SiC(g) \rightleftharpoons Al_4C_3(s)+3Si \text{ (inlAl)}$$

而在较低温度下，界面反应产物不会通过固相扩散的方式形成。有研究指出，复合材料在接近Al相熔点温度（953 K）下长时间保温，在Al的低指数晶面会发生不规则的浸渗现象；当温度进一步提高至略高于Al相熔点温度（973 K）时，在界面局部区域会发生界面反应，生成有害的Al_4C_3相。但是，美国国家标准与技术研究院的Clough等人的研究指出，SiC表面含有富C层的情况下，SiC纤维增强型Al基复合材料在较低温度（843~923 K）下退火时，SiC和Al两相也可以在界面处发生化学反应，并形成Al_4C_3相。

通常情况下，Al/SiC界面反应产物Al_4C_3相被认为是有害相。一方面是因为Al_4C_3相的本身是硬而脆的陶瓷相，使得复合材受载荷时裂纹易于Al_4C_3相中萌生扩展，导致其力学性能的下降；而另一方面Al_4C_3相可以与空气中的水发生水化反应，其方程式如下：

$$Al_4C_3(s)+12H_2O(g) \longrightarrow 4Al(OH)_3(s)+3CH_4(g)$$
$$Al_4C_3(s)+18H_2O(l) \longrightarrow 4Al(OH)_3(s)+3CO_2(g)+12H_2(g)$$

因此，造成复合材料在潮湿环境下的稳定性迅速下降，甚至造成其失效断裂。

6.3　镁基复合材料组织结构及性能

镁基复合材料具有低密度，高比强度和高比刚度，优良的抗震耐磨、抗冲击、耐高温性能及较低的热膨胀系数，是继铝基复合材料后又一具有竞争力的轻金属基复合材料。与铝基复合材料相比，镁基复合材料具有更低的密度和更高的比刚度、良好的阻尼性能和电磁屏蔽性能，是航空航天和国防工业的理想材料。

6.3.1　长纤维增强镁基复合材料

长纤维增强镁基复合材料主要的纤维增强体有碳纤维、硼纤维、氧化铝纤维等。

6.3.1.1　碳纤维增强镁基复合材料界面

碳纤维增强镁基复合材料中存在的主要问题是碳纤维和镁的润湿性并不好，导致界面结合较差，从而影响复合材料的性能。目前，改善 C_f/Mg 复合材料界面结合的方法有两种：第一，选择合适的镁合金基体，使得合金中的合金元素与 C_f 发生适当的反应，既能够改善两者之间的润湿性，又不以损伤碳纤维为代价；第二，选择合适的 C_f 或者在 C_f 表面涂覆层涂层，该涂层与基体镁合金和纤维增强体的结合均很好，这样既改善了复合材料的界面性能，又能够起到保护碳纤维的作用，最终实现改善基体镁之间润湿性的目的。

有人对镁合金中铝元素对界面的影响进行了研究，并通过对碳纤维表面进行包覆，研究了纤维涂层对复合材料界面状态的影响。当纤维表面包覆保护膜的时候，界面反应减弱，起到保护碳纤维的作用，同时能够改善碳纤维和镁合金的界面结合。但是当基体合金中铝元素含量增加时，界面反应也相应加剧，界面产物变多变大。

6.3.1.2　碳纤维增强镁基复合材料力学性能

研究表明，经过碳纤维表面涂覆制备的复合材料抗拉性能很高，基本达到理论强度值。未进行涂层包覆的强度则较低，这是因为界面反应损伤了碳纤维，并且使复合材料界面变脆，导致材料发生低应力脆断。

6.3.2　短纤维增强镁基复合材料

近年来，非连续增强金属基复合材料的研究和开发工作获得了异乎寻常的发展。非连续纤维（如SiC晶须、短碳纤维等）增强镁基复合材料也是材料学领域中的一个研究热点。它具有可加工性、各向同性、尺寸稳定性、耐高温性等特点。随着节省能源、减轻环境污染的观点逐渐深入人心，非连续增强镁基复合材料在交通运输工具等民用方面的应用无疑会大增。

6.3.2.1　晶须增强镁基复合材料。

（1）晶须增强镁基复合材料显微组织

SiC晶须增强AZ91镁基复合材料铸态时，晶须在复合材料中随机分布，没有特定的取向，经过热挤压变形后发现许多晶须被折断，晶须更加均匀地分散在基体内部。

（2）晶须增强镁基复合材料界面

镁合金在碳化硅表面形核时，可能以碳化硅晶须的$\{111\}\{200\}$及$\{220\}$侧表面作为形核基底。

研究表明，当镁由液相结晶形成晶体时，所形成的晶体表面由$\{0002\}$ $\{10\bar{1}0\}$，$\{10\bar{1}1\}$面构成。因此，镁合金在晶须表面形核时，也应该以低指数密排面$\{10\bar{1}0\}\{0002\}\{10\bar{1}1\}\{10\bar{1}2\}$及$\{11\bar{2}0\}$等及密排面上的低指数晶向$<0001><10\bar{1}0><11\bar{2}0><\bar{1}2\bar{1}3>$等与碳化硅晶须暴露于镁熔体中的侧表面及侧表面上的低指数晶向$<001><101><111>$平行而结晶形核。

　　从晶体学方面考虑，镁合金与碳化硅晶须之间可以形成很多种晶体学位向关系。以镁合金在碳化硅晶须侧表面的密排面{111}为形核基面为例，如果镁合金以$<\bar{1}2\bar{1}3>$晶向首先沿平行于碳化硅晶须的$<10\bar{1}>$晶向形成，然后，镁合金的{10$\bar{1}$0}面沿平行于碳化硅晶须的{111}面形核长大，那么，在复合材料的界面将存在以下的晶体学位向关系，即，{01$\bar{1}\bar{1}$}Mg//{111}SiC$_w$，$<\bar{1}2\bar{1}3>$Mg//$<011>$SiC$_w$。依此类推，当镁合金以碳化硅晶须侧表面的密排面（111）为形核基面时，还可能形成如下位向关系：{11$\bar{2}$0}Mg//{111}SiC$_w$，$<0001>$Mg//$<10\bar{1}>$SiC$_w$；{10$\bar{1}$0}Mg//$<10\bar{1}>$SiC$_w$，$<0001>$Mg//$<10\bar{1}>$SiC$_w$；{0002}Mg//（111）SiC$_w$，$<10\bar{1}0>$Mg//$<1\bar{1}0>$SiC$_w$等。

　　但是，这些晶体学位向关系不可能都会出现，只有那些固-液界面能最大，而结晶后固-固界面能最小的具有低界面能的晶体学位向关系才会出现。

　　从具有晶体学位向关系的SiC$_w$-AZ91界面的高分辨透射电镜照片（HRTEM）可以看到，镁合金基体和碳化硅晶须的晶面在界面处紧密结合，仅存在少量的晶格错配，表明这些具有晶体学位向关系的界面为低能界面，界面结合强度较高。

　　而在镁合金和碳化硅晶须界面之间不存在低能晶体学位向关系的复合材料界面处，复合材料和基体合金之间可能仅存在机械结合，这部分界面的界面结合强度较低。

　　由于SiC$_w$-Mg复合材料界面的复杂性，SiC$_w$/Mg复合材料界面的本质及其组成目前还没有充分理解。研究结果已经表明，复合材料的界面由不同晶体学位向的碳化硅晶须和镁表面构成：由不同位向的SiC$_w$和Mg构成的界面具有不同的晶体学位向关系和不同的晶格错配度，复合材料的界面能也不同；界面可以由C和Mg原子层构成，也可以由Si和Mg原子层构成等，这些都使得在原子水平上研究SiC$_w$/Mg复合材料的界面结合非常困难。

　　采用硅胶黏结剂的SiC$_w$/AZ91复合材料中，在复合材料铸锭的不同部位，界面反应物的分布不均匀，界面反应物主要分布于复合材料铸锭表面处的SiC$_w$-AZ91界面。而在采用酸性磷酸铝黏结剂的SiC$_w$/AZ91复合材料中，在复合材料铸锭的不同部位，界面反应物的分布较均匀。采用硅胶或酸性磷酸铝黏结剂的SiC$_w$/AZ91复合材料中，SiC晶须与AZ91基体合金的界面反应物均为

MgO。其来自压铸时黏结剂与熔融镁合金的反应。界面反应方程式分别为

$$SiO_2 + 2Mg \longrightarrow 2MgO + Si$$
$$Al(PO_3)_3 + 9Mg \longrightarrow 9MgO + Al + 3P$$

采用不同黏结剂的复合材料中，界面反应物的不均匀分布与碳化硅晶须预制块中黏结剂的不同分布有关。含硅胶黏结剂的碳化硅晶须预制块中，黏结剂主要分布于预制块表面处的晶须表面，而含酸性磷酸铝黏结剂的预制块中，黏结剂的分布较为均匀。界面反应物MgO和碳化硅晶须之间存在一种确定的晶体学位向关系：

$$\{111\}_{MgO} // \{111\}SiC_w$$
$$<101>_{MgO} // <101>SiC_w$$

两者之间以半共格的原子匹配方式结合，结合强度较高。

6.3.2.2 短碳纤维增强镁基复合材料。

铸态 C_{sf}/AZ91纤维的分布比较均匀，无明显的团聚现象，晶粒尺寸在25~35 μm。经过挤压后所获得的 C_{sf}/AZ91复合材料，其纤维分布均匀，不存在纤维间的搭桥、成束聚集等纤维相互垂直接触缺陷；纤维分布沿挤压方向定向排列。C_{sf}/AZ91复合材料的拉伸断口有纤维与基体界面脱离的现象，另外，铸态复合材料拉伸时有较多的纤维横向拔掉，纤维横向拔掉较纵向拔出容易，导致基体金属塑性发挥得不充分。C_{sf}/AZ91复合材料具有低的延伸率，但在拉伸过程中没有明显的屈服点。

6.3.3 颗粒增强镁基复合材料

颗粒增强金属基复合材料由于制备工艺简单、成本较低、微观组织均匀、材料性能各向同性且可以采用传统的金属加工工艺进行二次加工等优点，已经成为金属基复合材料领域最重要的研究方向。颗粒增强镁基复合材

料因其密度小，且比镁合金具有更高的比强度、比刚度、耐磨性和耐高温性能，受到航空航天、汽车、机械及电子等高技术领域的重视。与连续纤维增强、非连续（短纤维、晶须等）纤维增强镁基复合材料相比，颗粒增强镁基复合材料具有力学性能各向同性、制备工艺简单、增强体价格低廉、易成型、易机械加工等特点，是目前最有可能实现低成本、规模化商业生产的镁基复合材料。微米、亚微米和纳米颗粒的加入对复合材料的显微组织和力学性能具有不同的影响规律，下面对亚微米颗粒增强镁基复合材料进行详细介绍。

6.3.3.1　亚微米颗粒增强镁基复合材料的显微组织

同AZ91合金对比可知，亚微米SiC_p的加入细化了复合材料的晶粒。亚微米SiC_p在复合材料基体的晶界处存在"岛状"聚集，呈"项链状"颗粒分布，同微米SiC_p增强复合材料的研究结果一致，这也主要是由于亚微米SiC_p在凝固过程中被液固界面前沿"推移"所致。另外，随着SiC_p体积分数的增加，亚微米SiC_p在晶界处的偏聚现象严重。

同AZ91合金相比，少量$0.2~\mu m~SiC_p$（0.5%）的加入可使AZ91基体得到显著细化，并沿挤压方向形成由小的DRX晶粒构成的变形带。随着亚微米SiC_p体积分数的增加，复合材料基体中大的DRX晶粒比例减少，小的DRX晶粒比例增多，因此复合材料的平均晶粒尺寸减小。当SiC_p的体积分数为1.5%时，复合材料的平均晶粒尺寸最小。随着SiC_p体积分数的继续增加，复合材料基体中大的DRX晶粒比例增多，导致复合材料的平均晶粒尺寸增大。上述研究结果表明，复合材料热变形后的平均晶粒尺寸同亚微米SiC_p的体积分数相关：体积分数≤1.5%时，复合材料的平均晶粒尺寸随亚微米SiC_p体积分数的增加而减小；体积分数≥2%时，复合材料的平均晶粒尺寸随亚微米SiC_p体积分数的增加而增大。

通过观察$0.2~\mu m~SiC_p$/AZ91复合材料热变形后的TEM组织可知，亚微米SiC_p的体积分数较小（0.5%）时，复合材料基体中晶粒内部位错密度较低；亚微米SiC_p的体积分数较大（5%）时，复合材料基体中位错密度较高。

这主要是由于：一方面，颗粒体积分数越大，则在热变形过程中亚微米SiC_p同基体的不匹配程度增大，热变形后残留的位错密度较高；另一方面，由于亚微米SiC_p与AZ91基体的热膨胀系数不同，热变形后的冷却过程中，在复合材料基体中产生热错配位错，并随$0.2\mu m\ SiC_p$体积分数的增加，位错密度增大。

热变形对亚微米SiC_p分布的改善情况与颗粒体积分数相关：当亚微米SiC_p的体积分数较小时，热变形可以有效改善颗粒在基体中的分布状态，提高其分布的均匀性；当亚微米SiC_p的体积分数较大时，亚微米SiC_p/AZ91复合材料铸态组织中存在的颗粒团聚区经热变形后并没有被消除，而是沿挤压方向伸长。以上研究结果表明，热变形有利于改善小体积分数亚微米SiC_p/AZ91复合材料中SiC_p的分布状态，而当亚微米SiC_p的体积分数较大时，由于颗粒团聚区较大，热变形对亚微米SiC_p分布的改善作用不明显。

6.3.3.2　亚微米颗粒增强镁基复合材料界面

从$0.2\mu m\ 1\%SiC_p$/AZ91复合材料热变形完成后的SEM组织，可见亚微米SiC_p不仅分布在晶界处，也分布在晶粒内部。从亚微米SiC_p及基体界面的TEM形貌可知，亚微米SiC_p与基体界面平整，无界面反应产物。亚微米SiC_p与AZ91基体直接进行界面结合，无微孔和非晶层存在，并存在一种特定的晶体学位向关系。

亚微米SiC_p–AZ91界面的HRTEM图表明，亚微米SiC_p的（$11\bar{1}$）晶面平行于Mg的（$011\bar{1}$）晶面，其中亚微米SiC_p的（$11\bar{1}$）晶面的晶面间距$d（11\bar{1}）SiC_p=0.251\ 61\ nm$，Mg的（0111）面晶面间距$d（01\bar{1}\bar{1}）Mg=0.245\ 2\ nm$。

对于$\left(1\bar{1}\bar{1}\right)SiC_p//\left(01\bar{1}\bar{1}\right)Mg$，它们在界面的错配度为

$$\begin{aligned}\delta &= \left(d\left(1\bar{1}\bar{1}\right)SiC_p - d\left(01\bar{1}\bar{1}\right)Mg\right)\big/d\left(1\bar{1}\bar{1}\right)SiC_p \times 100\%\\ &= \left(0.251\ 61 - 0.245\ 2\right)\big/0.251\ 61 \times 100\%\\ &= 2.55\%\end{aligned}$$

可见，两者之间的错配度较小，可称这种界面为半共格界面。并且，亚微米SiC_p同AZ91基体间界面结合较好，无界面反应发生。

6.3.3.3　亚微米颗粒增强镁基复合材料的力学性能

表6-2所示为亚微米SiC_p/AZ91复合材料热变形后的力学性能，表明少量（0.5%）亚微米SiC_p的加入降低了AZ91基体的抗拉强度。随着颗粒体积分数的增加，复合材料的抗拉强度增大，当亚微米SiC_p的加入量为2%（体积分数）时，达到最大值，随着颗粒体积分数的继续增加，复合材料的抗拉强度降低。

表6-2　亚微米SiC_p/AZ91复合材料热变形后的力学性能

材料	SiC体积分数/%	屈服强度/MPa	抗拉强度/MPa	弹性模量/GPa	延伸率/%
AZ91	0	215.6 ± 6.3	332.2 ± 5.5	44.6 ± 0.7	15.5 ± 1.5
0.5SiC_p/AZ91	0.5	260 ± 7.3	300.2 ± 3.7	44.9 ± 0.6	2.23 ± 0.5
1SiC_p/AZ91	1	275.3 ± 5.2	335.4 ± 4.3	45.5 ± 0.72	2.43 ± 0.55
1.5SiC_p/AZ91	1.5	280.8 ± 6	361.1 ± 4.3	46.5 ± 0.31	2.89 ± 0.02
2SiC_p/AZ91	2	285.4 ± 3.9	364.4 ± 4.3	47.8 ± 0.7	4.2 ± 0.6
3SiC_p/AZ91	3	267.7 ± 2.5	349.3 ± 7.2	50.7 ± 0.8	3.7 ± 0.2
5SiC_p/AZ91	5	261 ± 6.8	326.3 ± 3.2	52.3 ± 1.2	1.6 ± 0.2
10SiC_p/AZ91	10	—	324.9 ± 8.2	59.1 ± 1.49	0.71 ± 0.08

基体合金的拉伸断口存在很多小韧窝，为典型的韧性断裂。但当基体中含有少量（0.5%）亚微米SiC_p时，断口上发现了许多微裂纹。当亚微米SiC_p的体积分数较大（>2%）时，SiC_p团聚现象比较明显，并且随颗粒体积分数增加，SiC_p团聚区增大。而在变形过程中，SiC_p团聚区应力集中较大，易于产生微裂纹，导致复合材料断裂。亚微米SiC_p/AZ91复合材料的增强机理主要有Orowan强化机制、位错强化机制、细晶强化机制和载荷传递作用。四种强化机制中，位错强化机制对屈服强度的贡献最大。当亚微米SiC_p的体积分数较小时，颗粒增强效果较显著，但当体积分数较大（>2%）时，由于颗粒团聚区的出现，颗粒增强效果弱化。

室温变形过程中，位错在亚微米SiC_p附近塞积，导致颗粒附近位错密度增大，有利于提高复合材料的强度。亚微米SiC$_p$与AZ91基体界面结合较好，结合强度较高，室温变形过程中界面处不易产生微裂纹。

6.3.4 碳纳米材料增强镁基复合材料

碳纳米管、石墨烯具有优异的力学性能（高强度和高模量）和良好的物理性能（导电性能和导热性能），是镁基复合材料理想的增强体。碳纳米管具有很大的长径比，可以发挥碳纳米管的形态效应对基体性能的影响。因此，碳纳米管增强镁基复合材料是突破传统镁基复合材料弹性模量、强度及延伸率无法兼得的一种重要途径。由于碳纳米管具有巨大的表面积，在范德瓦尔斯力的作用下，碳纳米管极易引起团聚。因此，碳纳米管在镁基体里的良好分散尤其重要。

迄今为止，石墨烯增强镁基复合材料的研究尚处于初级阶段，目前仅有的相关报道采用的都是液态冶金类制备方法。有人利用液态超声与固态搅拌摩擦焊相结合，制备了分布均匀的石墨烯增强纯镁基复合材料。还有人采用化学分散、半固态搅拌、液态超声与热挤压结合方法制备了石墨烯分散良好且呈层状分布的GNP/Mg–6Zn复合材料。

6.3.4.1 碳纳米管增强镁基复合材料

（1）碳纳米管增强镁基复合材料显微组织

通过半固态搅拌结合液态超声波复合法制备的碳纳米管增强Mg–6Zn复合材料，达到了碳纳米管在基体中良好分散的目标。研究发现，铸造过程中的凝固速度对碳纳米管在基体中的分布具有重要影响，当凝固速度较低时，碳纳米管容易被推送至晶界处，从而容易形成团聚；当凝固速度较高时，碳纳米管可被吞并于基体的晶粒内部，从而形成碳纳米管的均匀分布。

由于碳纳米管对基体晶粒的长大存在钉扎作用，制备过程中涉及材料的晶粒长大及晶界迁移行为均会受到碳纳米管的限制。因此，碳纳米管对使用液态冶金法制备的复合材料的晶粒具有较大影响。相比镁合金基体，碳纳米管增强镁基复合材料的晶粒得到了有效细化。

（2）碳纳米管增强镁基复合材料界面

由于Mg与C无法形成热力学稳定化合物，故目前改善CNT-Mg界面的途径主要通过改变基体的化学组成与改变碳纳米管的表面组成来完成。CNT增强AZ61复合材料的界面处形成三元化合物Al_2MgC_2，CNT表面的镀Ni层与基体Mg反应生成Mg_2Ni。界面反应物的生成提高了CNT与镁基体的润湿性，使CNT-Mg界面由单纯的机械结合转变为化学结合。通过控制适当的界面反应，可以提高CNT的载荷传递效应，有利于进一步提升复合材料的力学性能。表6-3列出了碳纳米管增强镁基复合材料的拉伸力学性能。

表6-3　碳纳米管增强镁基复合材料的拉伸力学性能

基体	CNT体积分数/%	CNT质量分数/%	弹性模量/GPa	屈服强度/MPa	拉伸强度/MPa	断裂应变/%
AZ91D		0	44.3	86	128	0.90
		1.5	64.3	104	157	1.28
AZ31		0	60		160	3.74
		1	90		210	8.56
Mg		1.5	98.9		190	7.15
		0		126	192	8
		0.3		128	194	12.7
		1.3		140	210	13.5
		1.6		121	200	12.2
		2		122	198	7.7
AZ31	0			172	263	10.4
	1			190	307	17.5

续表

基体	CNT体积分数/%	CNT质量分数/%	弹性模量/GPa	屈服强度/MPa	拉伸强度/MPa	断裂应变/%
Mg		0		127	205	9
		0.06		133	203	12
		0.18		139	206	11
		0.3		146	210	8
AZ91D		0	40	232	315	14
		0.5	43	281	383	6
		1	49	295	388	5
		3	51	284	361	3
		5	51	277	307	1
Mg		0		178		9.4
		1.1		253		1.2
AZ31B		0		279		10.8
		0.9		355		5
Mg		0			220	2.14
		1.8			252	1.61
		2.4			285	1.87
		3			258	1.35
ZK60A	0			163	268	6.6
	1.0			180	295	15.0
Mg–6Zn	0		40	157	271	22
	0.5		43	173	295	27
	1.0		52	209	321	17
	1.5		57	197	308	10

6.3.4.2　石墨烯增强镁基复合材料

（1）石墨烯增强镁基复合材料显微组织

类似于碳纳米管对晶粒长大的钉扎作用，石墨烯也能显著细化基体晶粒。试验证明，通过引入高能超声可以有效改善石墨烯与基体的润湿性，进而改善界面结合。石墨烯与镁基体的界面结合紧密，界面处无孔洞或夹杂。

（2）石墨烯增强镁基复合材料力学性能

石墨烯的添加显著提升了基体的力学性能，且由于石墨烯独特的二维效应，石墨烯的增强效率也显著高于其他类型增强体。由于石墨烯增强镁基复合材料的研究还在起步阶段，未来还有大量工作值得开展，例如界面调控、增强增韧机制的研究及石墨烯的二维形状效应等。

6.4　钛基复合材料组织结构及性能

6.4.1　钛基复合材料概述

目前，钛基复合材料中添加的增强体主要有三类：氧化物、碳化物和硼化物。其中氧化物主要有 La_2O_3 和 Y_2O_3，碳化物主要有TiC和SiC，硼化物主要有TiB和 TiB_2。钛基复合材料中的增强体受制备手段、增强体含量和处理方法的影响，其形貌也具有多样化的特点。

用作钛基复合材料纤维强化的主要是碳化硅纤维（SCS-6），生产长纤维增强钛基复合材料的方法是将排列的纤维置于钛合金薄膜之间，然后经热压成材。致密化所需压力与纤维的体积分数无关，而随相接触面间的摩擦系数增加而加大。由于钛在700 ℃以上能溶解钛的氧化物，因而有利于扩散键合。

以Ti-6AL-4V为基的钛基复合材料的室温抗拉强度为1 690 MPa，弹性模量为186 GPa，伸长率为0.96%。

含有40%（体积）SiC纤维的钛基复合材料的刚度可增加一倍，强度增加50%，密度也降低10%，这种材料用来制造飞机发动机部件，在结构上可作一系列改进，发动机质量可大幅度减少。

用SiC和TiC颗粒增强的钛基复合材料的性能与基体钛合金相近，没有显示出强化效果。

用XD法在Ti-Al合金基体中生成的TB$_2$颗粒得到TiB$_2$颗粒增强钛基（Ti-45Al）复合材料，原位生成64% TiB$_2$使得抗拉强度得到改善，特别是经过1 200 ℃ 50 h热处理后，在高温下的持久寿命明显提高。

6.4.2　石墨烯增强钛基复合材料

前面所述的原位自生非连续增强的钛基复合材料在增强体的选取上有一定的局限性，例如，原位自生的增强体大多为陶瓷颗粒或晶须，它们在基体中的尺寸大多为微米级别，所以复合材料很难达到纳米级别增强，就弹性模量而言，即使是较高的TiB，也只有550 GPa，如果想继续提高钛基复合材料的力学性能，方法之一就是扩大非连续增强钛基复合材料的增强体选取范围。最近几年，碳纳米材料如碳纳米管（CNT，弹性模量1.1 TPa，断裂强度60~110 GPa）及石墨烯（弹性模量约1 TPa，断裂强度约125 GPa，比表面约2 630 m^2/g），被尝试以粉末冶金的方法加入钛基体制备钛基复合材料，并使得钛基复合材料的力学性能在以往传统制备工艺的基础上继续提高，展现出碳纳米增强体的独特优势，实现钛基复合材料在纳米尺度上的增强。

6.4.2.1　石墨烯增强钛基复合材料微观组织

微观组织在很大程度上决定了复合材料力学性能的差异。非连续增强钛基复合材料的微观组织形态与钛基体及增强体的分布状态有着密不可分的关系。碳纳米相增强钛基复合材料的研究还处在探索阶段，钛基体的选择一般以纯钛、传统的TC4钛合金为主。微观组织的演变一方面与碳纳米相的含量有关，另一方面与球磨、烧结、热加工工艺的选择有关。

随着石墨烯质量分数的增加，烧结后块体复合坯体的致密度逐渐下降，其中，当石墨烯质量分数大于0.1%时，复合坯料致密度下降速度变快。进一步热轧处理后，复合块体的致密度虽然仍随石墨烯质量分数的增加而下降，但相对于烧结块体已经有了较大的提高，其致密度均在98%以上，说明热轧工艺可以使复合材料达到较高的致密度。当石墨烯质量分数保持在较低水平（小于0.1%）时，其复合材料块体均能达到99%以上的致密度。

石墨烯分布于晶界处，并随着石墨烯含量的增高，团聚现象明显（黑色区域）。石墨烯分布于晶界处，而这种晶粒之间由石墨烯的引入所导致的"阻隔"，会在复合材料烧结的过程中出现抑制晶粒长大的效果。

纯钛在经过热轧后存在较强的织构现象。石墨烯的存在抑制了基体晶粒在热轧方向的变形，没有存在像热轧纯钛一样的严重变形晶粒。此外，石墨烯有规律地排布，并与热轧方向呈现约15°的小角度夹角。这意味着石墨烯会在热轧过程中随着切应力的作用沿着基体变形方向排布，且由于石墨烯自身的高断裂强度和刚度，石墨烯在热变形的过程中大部分没有产生破碎的现象。石墨的表面存在细小的缺陷，经过EDS能谱测试发现，石墨烯的表面存在10%的钛元素，这是因为石墨烯在经过高温热轧后会产生与钛基体的界面反应，适量的界面反应有助于提高石墨烯增强钛基复合材料的界面强度。

复合材料的平均晶粒尺寸随石墨烯含量的增加而不断减小。这是因为石墨烯在基体中的分散阻碍了晶界的迁移，从而抑制了晶粒长大。晶粒尺寸的大小不仅与石墨烯的含量有关，还与石墨烯横向尺寸相关。提高石墨烯含量的同时，减小石墨烯片层的尺寸可以有效细化组织。然而，随着石墨烯含量的增高，团聚的现象也越发明显，所以晶粒尺寸降低的速率随着石墨烯含量的持续增高而放缓。当石墨烯质量分数为0.8%时，球磨和热轧工艺均不能有效分散较多含量的石墨烯，所以石墨烯以小范围团聚的方式存在于基体中，其他分散在基体中的石墨烯对晶粒细化的作用有限。除此以外，复合材料基体晶粒的大小也与烧结工艺的选择有关，SPS具有抑制晶粒长大的效果。

6.4.2.2　石墨烯增强钛基复合材料力学性能

（1）静态拉伸性能

表6-4列出了石墨烯增强钛基复合材料拉伸性能。可以看出，石墨烯的含量在极低的水平，仍然能够有效增强钛基复合材料的拉伸性能。最大抗拉强度与屈服强度随着石墨烯含量的增加有极大的提高。石墨烯含量为0.025%、0.05%、0.1%的钛基复合材料最大抗拉强度达到716 MPa、784 MPa、887 MPa，相比纯钛提高了24.5%、36.3%、54.2%。复合材料的断口延伸率随着石墨烯含量的增加而降低，这是因为位于晶界的石墨烯具有极高的比表面积，阻碍了基体晶粒的变形。

表6-4　石墨烯增强钛基复合材料拉伸性能

GNPs质量分数/%	GNPs体积分数/%	YS/MPa	UTS/MPa	延伸率/%
0	0	520	575	30
0.025	0.05	603	716	25
0.05	0.112	657	784	20
0.1	0.225	817	887	10

采用低温高压的SPS技术，有效地保证了石墨烯在钛基复合材料中的碳纳米结构的相对完好，使钛基复合材料能够有效利用石墨烯的优异力学性能。热轧的应用，使石墨烯在基体中再次分散并沿着热轧方向排布。因此，石墨烯能够在复合材料沿热轧方向的拉伸过程中起到承载应力的作用。石墨烯在拉伸的过程中被分裂为尺寸较小的石墨烯片，随着拉伸过程的进行，在石墨烯的断裂处沿着热轧方向产生微小的连接孔洞。在韧窝的底部出现断裂后的石墨烯残片，意味着石墨烯在拉伸变形的过程中吸收了大量的能量。

除此以外，石墨烯还具有提高复合材料延伸率的效果，在提高抗拉强度的同时，复合材料的延伸率基本保持不变。表6-5为经过热等静压、热锻和热处理制备的石墨烯增强TC4钛合金准静态拉伸数据。复合材料的弹性模量、极限抗拉强度、屈服强度相比纯TC4提高了14.6%、12.3%和20.1%。对于一般的钛基复合材料而言，强度的增加一般伴随着塑性的降低。

　　然而，在此方法下制备的石墨烯增强TC4强度大幅增加，塑性没有下降。

表6-5　石墨烯增强TC4拉伸性能

样品	弹性模量/GPa	极限抗拉强度/MPa	屈服强度/MPa	延伸率/%
Ti	109 ± 1	942 ± 3	850 ± 5	9.4 ± 0.3
Ti+0.5%GNFs	125 ± 2	1058 ± 3	1021 ± 0.32	9.3 ± 0.3

（2）动态压缩性能

　　通过SPS烧结后热轧成型制备石墨烯含量分别为0%、0.05%、0.1%、0.2%、0.4%和0.8%的石墨烯增强钛基复合材料，得到不同石墨烯含量复合材料在3 000 s^{-1}和3 500 s^{-1}应变率的压缩应力–应变曲线。复合材料在两种应变率条件下，最大流变应力和应变随石墨烯含量的变化的趋势相差不大。然而，随着石墨烯质量分数的增加，在应变率为3 000 s^{-1}时，0.05%石墨烯质量分数复合材料的流变应力达1 240 MPa，0.4%时达到1 800 MPa，在0.8%时降低至1 530 MPa。而应变由0.05%时的28%降低至0.2%时的20%，然后提高至0.4%时的24%，再降低至0.8%时的20%。在应变率为3 500 s^{-1}时，复合材料的流变应力由0.05%时的1 400 MPa提高到0.4%时的1 860 MPa，然后降低至0.8%时的1 650 MPa。而应变由0.05%时的28.5%降低至0.2%的21%，然后提高至0.4%时的30%，再降低至0.8%时的20.5%，见表6-6和表6-7。当石墨质量分数为0.4%时，复合材料的强韧性匹配最佳，即0.4Gr-TiMCs复合材料的综合力学性能最好，在3 000 s^{-1}和3 500 s^{-1}下的应变与纯钛相差不大，且比纯钛的流变应力分别提高了107%和94%。

表6-6　石墨烯增强钛基复合材料在3 000 s^{-1}下的动态性能

GNPs质量分数/%	0	0.05	0.1	0.2	0.4	0.8
应力/MPa	870	1 240	1 395	1 590	1 800	1 530
应变/%	34	28	25	20	24	20
与纯钛强度对比/%	0	+43	+60	+83	+107	+76

表8-7　石墨烯增强钛基复合材料在3 500 s^{-1}下的动态性能

GNPs质量分数/%	0	0.05	0.1	0.2	0.4	0.8
应力/MPa	960	1 400	1 470	1 610	1 860	1 650
应变/%	33	28.5	26	20.5	30	20.5
与纯钛强度对比/%	0	+46	+53	+68	+94	+72

6.4.2.3　石墨烯增强钛基复合材料界面结构

界面是金属基复合材料研究的重点，界面的微观结构形态和强度直接影响载荷传递的效果和裂纹的扩展过程，并决定了金属基复合材料的性能。就碳纳米材料增强金属复合材料而言，金属基体中分布着如碳纳米管、纳米金刚石、C_{60}、石墨烯等具有不同纳米结构的碳纳米相，界面处的原子结构、物理和化学环境、键合类型不同于界面两侧的相。碳纳米相增强钛基复合材料的界面主要承担着碳纳米材料与基体之间的外力传递、裂纹阻断等功能。同时，碳纳米相与钛基体之间具有强烈的化学反应活性，所以在界面区域很容易发生化学反应。界面的化学反应有利于提高增强体与基体之间的浸润性，提高界面强度。然而，界面反应的程度直接影响复合材料性能，过度的界面反应会在界面处产生大量的碳化物，并破坏碳纳米结构，导致复合材料性能下降。所以，碳纳米相增强钛基复合材料宏观性能的优劣很大程度上取决于碳纳米材料与基体的结合状态，而这也是金属基复合材料研究的重点和难点。根据石墨烯与金属基复合材料结合方式的不同，可将界面分为机械结合型、浸润溶解型和反应结合型。由于较高的烧结温度和热加工过程，使碳纳米材料在钛基体中极易发生界面反应，所以界面类型偏向于反应结合型的界面。

当石墨烯与钛基体的界面过量反应时，将会生成大量的碳化钛。在一般情况下，石墨烯增强钛基复合材料希望保留石墨烯自身的纳米结构。然而，石墨烯有时也会被当作一种碳源，在制备钛基复合材料的过程中原位自生TiC颗粒，因为TiC颗粒作为一种钛基复合材料的增强体，也同样具有显著的增强效果。由于石墨烯自身具有纳米特性，原位自生的TiC颗粒也同样具有特殊的微观结构。分散均匀的石墨烯在经过充分反应后将产生片状的TiC颗粒，相比普通碳源产生的TiC颗粒，纳米片状的TiC颗粒具有显著提高钛基复合材料强韧性的优势。

6.4.2.4 石墨烯增强钛基复合材料强化机理

随着石墨烯增强钛基复合材料研究的进行，研究者发现，随着石墨烯作为增强体的引入，钛基复合材料的强度、硬度、塑性等力学性能有了明显的提高，仅需微量的石墨烯就可以起到极大的增强效果。石墨烯增强钛基复合材料的强化机制主要包括石墨烯自身承载应力的直接强化和石墨烯影响基体的微观组织和变形模式的间接强化。

载荷传递是石墨烯发挥自身优异力学特性的重要方式。如Kelly和Tyson提出针对短纤维增强复合材料的剪切滞后理论模型，当复合材料受到载荷的作用时，载荷通过复合材料的基体，经过界面传递至短纤维。短纤维的长度和在复合材料中的临界断裂长度决定了基体中的最大应力能否达到短纤维的断裂强度，也意味着短纤维在复合材料受载荷作用过程中是以"拔出"还是"断裂"的形式承载应力。由此，复合材料断裂强度的公式可表达为

$$\sigma_c = \sigma_\gamma V_f \cdot \frac{l}{2l_c} + \sigma_m \left(1 - V_f\right), l_c > l$$

$$\sigma_c = \sigma_\gamma V_f \cdot \left(1 - \frac{l_c}{2l}\right) + \sigma_m \left(1 - V_f\right), l_c < l$$

其中，V_f 为短纤维的体积分数；σ_c、σ_γ、σ_m 分别为复合材料、短纤维和基体的强度；l 为短纤维在复合材料中的平均尺寸；l_c 为短纤维的临界断裂强度，其表达式为

$$l_c = \frac{\sigma_f d}{2\tau_m}$$

其中，d 为短纤维的直径；τ_m 为基体的剪切强度$\left(\sigma_m/2\right)$，对于石墨烯增强钛基复合材料而言，石墨烯可视作一种短纤维，Shin等计算得到其临界断裂长度l_c的修正公式为

$$l_c = \sigma_\gamma \frac{Al}{\tau S}$$

其中，σ_γ 为石墨烯的强度；A 为石墨烯的横截面积；S 为界面面积；l 为石墨烯的长度。当石墨烯的尺寸大于临界断裂强度时，则石墨烯将以断裂的形式吸收能量；当石墨烯的尺寸小于临界断裂强度时，界面传递给石墨烯的最大应力不足以使其断裂，石墨烯将以脱出的形式吸收能量。此模型建立在两个条件的基础上：①复合材料的基体力学性能近似为不加入增强体的纯金属性能；②界面能够有效传递载荷。而复合材料的界面与基体的性能本身就是极其复杂的，所以，对于石墨烯增强钛基复合材料强化机理的研究需要从多方面考虑。细晶强化石墨烯增强钛基复合材料是一种常见的增强方式，根据霍尔佩奇公式：

$$\sigma_m = \sigma_0 + kd_m^{-0.5}$$

式中，σ_0 为阻碍晶粒内部位错运动的阻力；k 为与材料的种类性质及晶粒尺寸有关的常数；d_m 为平均晶粒尺寸。基体的强度会随着晶粒尺寸的减小而增大。石墨烯的加入可以抑制晶粒生长，这是由于石墨烯阻碍位错运动，塞积的位错会形成亚晶并进一步形成晶界，从而细化基体晶粒。

奥罗万机制是纳米颗粒增强金属基复合材料的一种重要的强化机制，纳米尺寸的增强体阻碍了位错的滑移，从而提高了复合材料强度，其公式可表达为

$$\Delta\sigma_{OR} = \frac{0.13Gb}{d_p\left[\left(\dfrac{1}{2V_{GNPs}}\right)^{\frac{1}{3}} - 1\right]} \ln\left(\frac{d_p}{2b}\right)$$

其中，b 是基体的柏氏矢量的模；d_p 是石墨烯的平均尺寸；G 是基体的剪切模量。然而，石墨烯在厚度方向虽是纳米级别，但是作为一种二维材料，作为增强体时，长、宽方向的微米尺寸将不利于发挥位弥散强化的功能。通

过定量的计算，奥罗万机制对复合材料强度的贡献仅有几兆帕。

织构强化效应也是复合材料强化的一种方式，晶粒在某一方向上的取向将极大影响该方向复合材料的力学性能，使复合材料的强度呈现各向异性的趋势。通过冷热加工后的复合材料基体晶粒，若发生晶粒偏转的情况，将产生强烈的织构，若此织构方向不利于晶体滑移，则会较大程度上在这个方向提高复合材料的强度。

由于钛基复合材料在制备过程中会接触高温、非真空的环境，所以经常会发生钛基体吸氧、吸氮的情况，会产生固溶强化的效果。固溶元素的存在造成了晶格畸变，并增大了位错运动的阻力，从而产生复合材料强化效果。强度的增加与固溶元素的浓度有很大关系，其公式为

$$\Delta\sigma_{YS} = \frac{\tau_0}{S_F} = \frac{1}{S_F}\left(\frac{F_m^4 c^2 w}{4Gb}\right)^{\frac{1}{3}}$$

其中，$\Delta\sigma_{YS}$ 为屈服强度增量；τ_0 为切应力；F_m 为溶质原子与位错之间的相互作用力；c 为溶质原子的浓度；w 为溶质原子与位错间距（$=5b$）；G 为弹性模量；b 为柏氏矢量 $\boldsymbol{b}$ 的模。此外，石墨烯等碳纳米材料在复合材料的制备过程中易发生碳元素与基体元素相互扩散的现象，碳元素在基体中的固溶强化作用也不容忽视。

值得一提的是，石墨烯增强钛基复合材料的增强机制一般不会是单一的，而是依赖多种增强机制的相互作用。复合材料强度的提高是由织构强化、载荷传递和细晶强化共同作用的结果。

第7章 轻金属纳米材料

轻金属材料（如铝、镁、钛及其合金等）在工业上具有重要的意义。由于其具有高强度、低密度和高延展性等特性，故其在工业部门中有非常广泛的用途。宇宙飞船、飞机、船舶、火车、汽车及其他运输设备的制造，房屋、桥梁及构架建筑、电缆、电器、雷达各种轻、重型机械和精密仪表的制造，稀有金属冶炼等，都需要使用轻金属材料，但由于其化学活性高而易腐蚀、质软而耐磨性差等性质也限制了它们的应用范围。而轻金属纳米材料可以改善材料本身的某种性质，从而赋予它们一些潜在的应用。

7.1 纳米铝材料

7.1.1 纳米铝粉

7.1.1.1 简述

铝作为含能材料的常见成分，其中，用于炸药和推进剂的铝粉直径约为30 pm。若要改良其作为固体推进剂的性能，则可以使其具有较大的比表面积或较小的平均粒径。如今，人们已经研究出了多种制备纳米铝粉的方法。随之也产生了新的问题，当粒子尺寸较小时，颗粒之间会发生较为显著的相互作用，也更容易出现团聚现象，同时纳米颗粒变化的材料特性使它们与胶黏剂混合的过程变得困难。纳米级铝粉应用推进剂究竟将对推进剂性能带来怎样的影响还不明确，而纳米铝粉则是各国研究人员所关注的一个热点。

（1）纳米铝粉的制备方法

纳米铝粉的制备方法主要包括：在惰性气氛条件下的蒸发冷凝法、铝丝电爆法、电弧等离子体再凝聚法等。表7-1为国外几种在含能炸药中常用的铝粉的代号及其特征参数。

表7-1　国外几种在含能炸药中常用的铝粉

代号	形状	比表面积/（m^2/g）	生产商	产地
PE	片状	2.73	Pechiney	法国
ALEX	超细粒子	3.60	Argonide	美国
ME	粒状	14.50	Mepura	德国

（2）纳米铝粉的表征

纳米铝粉的表征参数主要有粒度、比表面积、密度和活性铝含量等。获取超细粉粒度分布的确切数据较为困难。在放大5 600倍的条件下观察ALEX粉，可以观察到个别粒度在1 μm左右的圆形颗粒以及大量粒度不超过0.1 μm的小颗粒。在目前的条件下表征纳米铝粉的粒度仅具有一定参考意义，也可以理解为仅可以获取估计值。利用气体吸收方法测得ALEX的比表面积为11.2 m^2/g；利用气体比重瓶测得ALEX的密度为2.4 g/m^3。

另外，活性铝含量为表征铝粉特征的重要参数，通常采用化学分析法进行测定。几种铝粉的活性铝含量标准如下：普通商业铝粉的活性铝含量为97.8%±0.9%；电爆铝(ALEX)的活性铝含量为82.2%±0.3%；超细铝粉(UFA)的活性铝含量为85.5%±0.7%。

（3）纳米铝粉预处理

纳米铝粉的反应活性较高。如果把在惰性气氛条件下制得的纳米铝粉直接暴露于外部环境中，材料表面会发生剧烈的氧化反应，其放出的能量会推动其本身发生自氧化反应，其反应热会将纳米铝粉的温度升高到1 773 K，进一步使其发生自燃；另外，纳米铝粉表面形成的饱和态氧化膜，能够避免其内部的金属铝发生氧化。例如，经钝化处理得到的粒径为30 nm的纳米铝复合材料，在氩气气氛中加热到998 K，虽然已经高于铝的熔点933 K，但纳米铝粉的粒径并不会有所变化，这是因为其表面有4 nm厚的Al_2O_3氧化膜，能够起到保护的作用。因此对纳米铝粉进行表面预氧化处理可以获得较好的保护作用。一般进行预氧化处理，是在制备环境中通入小剂量的氧气，从而实现缓慢氧化。形成的氧化膜的厚度与氧气剂量有关，与氧化路线无关；氧化速度与Al^{3+}扩散穿过氧化物的能力有关，与氧压力无关。若利用有机溶剂收集纳米金属粒子，由于商用的有机溶剂中溶解的少量氧气足以氧化纳米铝粉，也将在其表面形成钝化膜。

7.1.1.2　纳米铝粉的性能

（1）纳米铝粉的基本性能特点

①熔点。纳米铝微粒的粒径小、表面能高、表面原子近邻配位不全，这会使纳米粒子熔化需要的内能较低，从而使纳米微粒熔点迅速下降。

②烧结温度。经过压制所得到的块状的纳米铝，其界面的能量较高。进行烧结时，较高的界面能会推动原子运动，便于界面中的孔洞发生收缩、空位团发生湮没，从而使纳米微粒的烧结温度下降。

③热稳定性。纳米铝自身具有较大比例的界面，赋予了其较高的能量，使晶粒的生长过程具有较强的驱动力，它们多处在亚稳态。进行加热退火时会使纳米铝晶粒生长，并令纳米铝粉的性能更趋向于大晶粒物质。纳米铝晶体的晶粒生长较为容易，热稳定的温区较窄。

④比热容及内部储能。某体系的比热容取决于熵，在温度并不太低的条件下，能够省去电子熵，此时体系熵包括振动熵和组态熵。纳米铝粉的界面原子分布的混乱度较高，与普通材料相比，其具有较高的界面体积百分数，则纳米铝粉具有的熵对比热容的贡献要远高于普通材料，则比热容就远高于

普通材料。如果根据界面的过剩体积来表征晶界能，将其作为自变量来计算比热容和内部能量的增加值，便实现了通过理论进行解释。部分晶粒发生位错所产生的弹性位能占储能的10%~20%，其他储能则来自于晶界在温度上升时所产生的结构弛豫。与普通铝相比，纳米铝粉比热容增大20%~50%。

用电爆炸法制备的纳米铝粉，在加热条件下，其表面能及张力能在低于熔点时即被释放出来，表现为自放热反应，所以对纳米铝粉压制成的小球，当加热到400 ℃左右时，将会发生伴随着发光的放热行为，放出的热量足以部分熔化纳米铝粉，因而使得纳米铝粉具有相对较短的烧结时间以及较低的烧结温度。

（2）化学反应特性

①纳米铝粉的反应活性。纳米铝粉的尺寸较小，单位质量粒子具有的表面积远远超过普通颗粒物的表面积。纳米铝粉表面的键态与颗粒内部不同、表面原子配位不全，这些特点会使得纳米铝粉的表面活性中心增多，出现非整数配位的化学价。与此同时，随着纳米铝粉粒径的减小，表面变得越来越粗糙，会形成凹凸不平的原子台阶，从而提升了纳米铝粉的化学反应活性。纳米铝粉具有明显的畸变和应力，这也是导致化学反应活性增强的原因之一。

②纳米铝粉氧化机理。纳米铝粉的氧化机理具有一定的独特性。对10 nm及20 nm铝晶簇进行研究，氧化反应从晶簇表面开始，随着氧化区域发生电子转移，形成Al—O键的过程中放出的热量使得表面氧化物的温度上升到2 000 K。其中，粒径为10 nm的铝晶簇，通过进行不同的模拟处理，形成的饱和氧化层厚度为2.8~3.3 nm，并且环境中的氧气在纳米晶簇表面发生了反应，被全部消耗。如果在氧气条件下进行退火反应，形成的氧化膜的厚度可达3.8 nm。通过模拟过程可知，在氧化物生长的过程中，氧化层电场直接影响了氧化速率，从而使Al^{3+}朝着表面氧化物的方向扩散，而氧则朝着晶簇的内部扩散，最终出现纳米铝粉氧化膜同时向外和向内扩散的现象，并且Al^{3+}的扩散速度比O^{2-}快30%~60%，形成氧化膜的厚度达3.5 nm。通过分析其结构发现，饱和的氧化物薄膜主要是八面体结构的$Al(O_{1/6})_6$和四面体结构的$Al(O_{1/4})_4$构成，氧化膜的平均质量密度为晶体Al_2O_3的3/4。通过进行模拟试验还可知，当13 nm × 13 nm × 0.8 nm的铝箔在绝热条件下发生氧化反应时，由

于产生Al—O键的反应放出的热量迅速进入了晶簇，这会导致纳米铝晶体的高度无序化和氧化范围的扩张，则其厚度呈线性趋势增长，并且不会发生饱和，对其进行加热，则氧化层的厚度会超过3.5 nm，温度达到2 500 K，并且纳米晶体表面会弹出无数小的Al_xO_y碎片，这就表明纳米铝晶簇发生了爆炸。

③纳米铝粉的氧化特性。纳米铝材料本身具有的特性直接取决于它的表面性质。例如，加热平均粒度为20~50 nm的Al及MoO_3的粉末混合物，由于混合物的粒径较小，这会明显降低不同类型物质间的反应扩散距离，发生反应的速率比普通铝热剂的反应速率快1 000倍，反应熵为–4.69 kJ/g，达到了TNT的112%。此种亚稳态的高反应活性混合物之所以具有稳定的存在形态，是因为纳米铝粉表面形成的氧化膜将活性Al与氧化剂分隔开来，起到了保护作用。同时，实验结果也表明反应放出的能量受到了纳米铝粉氧化膜厚度和特性的影响。由于推进剂中含有金属颗粒的表面形态与燃烧特性有较紧密的联系，因此，不论从存储的角度出发，还是从用作含能材料的角度出发，都不可避免地要对纳米铝粉的氧化特性进行进一步的研究，并且需要研究表面能在扩散等基本反应过程中发挥的作用。

对纳米铝粉进行恒温热重实验，根据实验结果计算得出，平均粒径为24~65 nm的纳米铝粉的氧化反应活化能是0.5 eV，普通的铝箔的氧化反应活化能是1.7 eV。V. G. Ivanov等采用非等温热重法探究了电爆炸法制得的超细粉末(如Al、Mo、Zn、Sn)的氧化动力学规律，通过实验得出氧化过程具有多阶段的反应过程，在氧化初始阶段，金属粉的表层并没有生成连续的氧化膜，金属发生的氧化反应都是动态、非饱和的。超细金属粉末的自点火温度(由DTA确定)受金属的热物理特性以及金属初始氧化阶段的动力学特性的影响。

在纳米铝粉的动态氧化阶段，粉末颗粒表面形成的氧化层直接决定了此时的氧化反应。对空气气氛中制得的纳米铝粉(采用气相蒸发法制备，粒径小于30 nm)和普通铝粉(粒径为20~40 pm)进行差热分析可以发现，纳米铝粉具有的氧化反应活性明显高于普通铝粉，几乎相差两个数量级，主要表现在纳米铝粉进行强氧化反应的起始温度，氮化物以及α–Al_2O_3出现的温度700 K时可点火。通过对液态纳米铝合金的表面张力的测量以及对固态和液态纳米铝合金的XPS数据的分析，La或Sm在合金表面的浓度远高于其本体浓度，而La、Sm与O_2、N_2反应具有更高的反应活性(以铝作为参照物)，从而使得纳米Al/La和纳米Al/Sm合金体系具有较高的氧化反应活性。

在金属氧化动力学的过程中，使原子、离子及电子在氧化物中扩散运动的驱动力一般有两种：一种是浓度梯度；另一种是氧化层中的电场。电场是这样形成的：首先是金属的自由电子由于热发射或者隧道效应而脱离金属，由于它们的迁移率很大，所以它们很快就通过氧化层到达表面和氧结合，使氧以负离子状态吸附在氧化层表面，构成一层负电荷，而金属正离子由于迁移率较小，虽然溶在氧化物中，但滞留在金属氧化物层的界面附近，形成正电荷层，这样两者之间就形成了电场。在绝大多数情况下，离子或者电子的迁移控制着氧化速率，所以氧化层电场的大小与氧化速率有着密切的关系。

通过观察Al、Mg、Zn、Sn、Be等金属粉表面氧化膜随粒径大小不同所发生的改变，得出金属粉表面氧化膜随着金属粉粒径的减小而减小，此种现象能够用Mott-Cabrera理论进行分析。金属氧化物的电子转移能随着金属粉粒径的变小而减小，氧化层的电场随之变弱，抑制了金属离子或电子从金属晶簇溶入金属氧化膜的过程，从而阻止了小颗粒金属氧化膜的增长。

（3）纳米铝粉的性能分析

①纳米铝粉与普通铝粉的活性对比。

表7-2为纳米铝粉和普通铝粉活性的测试结果。铝粉的活性实测值和厂家所提供的数值相差较大，其原因主要在于：a.生产过程及包装过程中纳米铝粉已经有部分发生了氧化；b.测试环境中微量氧的存在，导致了铝粉氧化。从而得出，活性纳米铝的稳定性较差，用作FAE燃料的纳米铝粉极易发生氧化。纳米铝粉的氧化反应速率比普通铝粉提高了近两个数量级。

前面提到，如果把在惰性气氛中制得的纳米铝粉直接暴露在环境中，材料表面会发生剧烈的氧化反应，其放出的能量会推动其本身发生自氧化反应，其反应热会将纳米铝粉的温度升高到1 773 K，进一步使其发生自燃。采用的纳米铝粉没有出现自燃现象，证明表面已部分氧化。

表7-2　铝粉活性的测试结果/%

铝粉	纳米铝粉	一般片状铝粉	自然条件下储存1年的纳米铝粉
理论结果	99	——	——
试验结果	76.1	43.2	74.0

与普通铝粉相比，纳米铝粉的活性远高于普通铝粉。其主要原因是两类铝粉的纯度和粒径不同。首先，批量制备的纳米铝粉是在惰性气氛或真空环境中制得的，在环境因素方面不会产生杂质；同时金属铝原材料经汽化成金属蒸气，也保证了原材料中铝与杂质的分离。因此，所制得的纳米铝粉纯度高、结晶组织好、粒度可控且比表面积大。而普通铝粉的制备操作简单、成本低、纯度低、颗粒分布不均匀且粒径较大，这是导致活性降低的一个主要因素。

根据表7-2得到，纳米铝在自然条件下储存1年后，其活性损失量并不明显。导致这一现象的原因为，纳米铝粉与氧的亲和力非常强，在生产或检测的流程中其表面不可避免会生成致密的氧化膜，氧化膜可以保护内部的纳米铝粉不再进一步发生氧化。

②铝粉热稳定性分析。

纳米铝粉与普通铝粉的动态氧化过程如图7-1所示。在空气气氛中纳米铝粉及普通铝粉的TGA实验显示，纳米铝粉的氧化反应活性比普通铝粉高，主要体现在纳米铝粉的强氧化反应温度较低，纳米铝粉在371 ℃时开始氧化增重，而普通铝粉在556 ℃时才开始氧化增重。

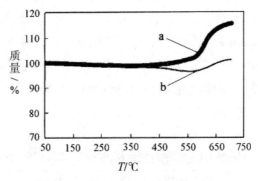

图7-1　纳米铝粉与普通铝粉的动态

氧化过程（TGA 曲线）

a—纳米铝粉；b—普通铝粉

③铝粉的形貌分析。

纳米铝粉呈球形，粒径约为40~100 nm，同时存在一些粒径约为0.1~0.2 μm的较大的铝颗粒；普通铝粉的形貌与纳米铝粉完全不同，呈鳞状物，铝粉之间形成一定的团聚，很难确定其平均粒径。

7.1.2　NiAl(Co)–TiC纳米复合材料

将Ni、Al、Co、Ti、C各元素，按$Ni_{50}Al_{45}Co_5+10\%$ TiC和$Ni_{50}Al_{45}Co_5+20\%$TiC名义成分配比混合，在高能球磨机内进行机械合金化(MA)。纳米晶粉末经过热压(HP)和热等静压(HIP)处理，制备出晶粒大小为80~250 nm原位内生TiC颗粒，晶粒为100~350 nm NiAl(Co)基体的块体复合材料，其室温屈服强度达1 394~1 660 MPa，具有12%~13%压缩形变。NiAl(Co)–20% TiC纳米晶复合材料，在700 ℃压缩形变至30%时，表面光滑没有裂纹，在1 100 ℃下，高温屈服强度为136 MPa，是铸态纯NiAl的4倍。

7.1.2.1　NiAl(Co)–TiC纳米复合材料的密度

利用阿基米德法测量了粉末热压后NiAl(Co)–TiC块体的实际密度，复合材料的理论密度可如此计算：$\rho = \sum \rho_i V_i$（ρ_i和V_i分别是第i项的理论密度和体积分数），NiAl(Co)–TiC纳米复合材料的密度测量值和理论计算值见表7-3。

较硬的TiC第二相粉末的引入，会影响纳米复合材料块体致密度的提高。但是，NiAl(Co)–TiC纳米复合块体材料的致密度均达97%以上，要比NiAl(Co)纳米块体材料致密。两种材料的热压制度相同，热等静压时间长、压强大促使纳米复合材料更致密。

表7-3　NiAl(Co)-TiC纳米复合材料的密度测量值和理论计算值

纳米复合材料	实际测量密度/（g/cm³）	理论计算密度/（g/cm³）	致密度/%
$Ni_{50}Al_{45}$–10% TiC	5.91	6.07	97.3
$Ni_{50}Al_{45}$–20% TiC	5.76	5.94	97.0

7.1.2.2 纳米块体材料的显微组织形貌

分别对热压后的 $Ni_{50}Al_{45}Co_5$-10% TiC 和 $Ni_{50}Al_{45}Co_5$-20% TiC 纳米复合块体进行X射线衍射相组成分析和SEM、TEM显微组织观察并结合EDX对各相区进行成分分析。

通过X射线衍射的相测定和成分能谱分析，可以断定基体为NiAl相，TiC主要集中在灰色区和黑色区内。

观察表明原位内生TiC直接与基体键合，且均匀弥散分布在NiAl(Co)基体中。TiC形状为直角正方形或者长方形，其晶粒大小约为80~250 nm，$Ni_{50}Al_{45}Co_5$-10% TiC 纳米复合材料的NiAl(Co)基体晶粒为100~350 nm，比NiAl(Co)纳米块体材料的晶粒(300~480 nm)细小，这是由于$Ni_{50}Al_{45}Co_5$-10% TiC纳米复合粉末在热压和热等静压过程中TiC对NiAl晶界迁移的钉扎作用。同时还发现一些Al_2O_3颗粒在NiAl晶内和晶界处存在。

7.1.2.3 NiAl(Co)-TiC纳米块体的显微硬度

对 NiAl(Co)-TiC 纳米复合块体材料进行了显微硬度的测量，其显微硬度结果示于表7-4中[NiAl(Co)为$Ni_{50}Al_{45}Co_5$]。

表7-4 NiAl(Co)-TiC纳米复合块体材料的显微硬度

样品	HV/MPa	样品	HV/MPa
铸造-NiAl(Co)	448	纳米-NiAl(Co)-10% TiC	708
纳米-NiAl(Co)	642	纳米-NiAl(Co)-20% TiC	788

从表7-4中可看出 $Ni_{50}Al_{45}Co_5$-20% TiC 纳米复合材料的显微硬度最高，达788 MPa，比铸态参比样的 $Ni_{50}Al_{45}Co_5$ 的显微硬度(448)提高了76%，是铸态纯NiAl(386)的2倍。显然，固溶强化、晶粒细化强化和TiC弥散强化使NiAl(Co)-TiC 纳米复合块体材料的显微硬度普遍较高。NiAl(Co)-TiC 纳米复合材料的显微硬度比无TiC的 NiAl(Co) 纳米材料的显微硬度要高，这是较硬TiC颗粒弥散强化的结果。

7.1.2.4　NiAl(Co)–TiC纳米复合材料的力学性能

表7-5列出了对NiAl(Co)-TiC纳米复合材料测量的屈服强度和压缩性能。可见，NiAl(Co)-TiC纳米复合材料的室温压缩塑性，较无TiC强化相的NiAl(Co)-TiC纳米材料有所下降，但仍具有12%~13%的压缩形变量，而铸态NiAl仅为2.8%。在700 ℃压缩形变至30%时，NiAl(Co)-TiC纳米复合材料均没有断裂，而且表面光滑，没有小裂纹。$Ni_{50}Al_{45}Co_5$-20% TiC纳米复合块体材料的室温断裂形变为12%。

表7-5　NiAl(Co)-TiC纳米复合材料的屈服强度及压缩性能

纳米复合材料	室温屈服强度/GPa	1 000 ℃屈服强度/GPa	室温压缩率/%
$Ni_{50}Al_{45}Co_5$–10% TiC	1 463	132	13
$Ni_{50}Al_{45}Co_5$–20% TiC	1 660	200	12

NiAl(Co)–TiC纳米复合材料的室温屈服强度为1 463~1 660 MPa，铸态纯NiAl为400 MPa。铸态参比样NiAl(Co)为875~938 MPa。固溶强化、晶粒细化强化和TiC弥散强化综合作用导致了NiAl(Co)–TiC纳米复合材料具有较高室温屈服强度。

关于NiAl(Co)-TiC纳米复合材料和NiAl(Co)纳米块体材料及铸态参比样的屈服强度随温度变化的关系如下，尽管随着温度的升高，材料的屈服强度普遍降低，但NiAl(Co)-TiC纳米复合材料仍在高温下显示了较高的屈服强度，特别是$Ni_{50}Al_{45}Co_5$–20%TiC纳米复合材料，它的1 100 ℃高温屈服强度136 MPa是铸态纯NiAl的4倍。

7.1.2.5　性能评价

①通过MA+HP+HIP方法成功制备出原位内生TiC颗粒弥散强化NiAl(Co)基纳米复合材料块体。$Ni_{50}Al_{45}Co_5$-10% TiC纳米复合块体材料的NiAl(Co)基体晶粒为100~350 nm，比NiAl(Co)纳米块体材料的晶粒细小，TiC对NiAl晶界迁移的钉扎作用阻碍了晶粒的长大。TEM观察表明原位内生TiC为直角方形，直接与基体键合，且均匀弥散分布。

②NiAl(Co)–TiC纳米复合块体材料的显微硬度较高，特别 $Ni_{50}Al_{45}Co_5$–20% TiC纳米复合材料的显微硬度是铸态纯NiAl的2倍。

③在室温 NiAl(Co)-TiC 纳米复合材料仍具有12%~13%的压缩形变量，约为铸态NiAl(2.8%)的4倍。NiAl(Co)-TiC纳米复合材料的室温屈服强度达到1 660 MPa。

④ NiAl(Co)-TiC 纳米复合材料在高温下显示了较高屈服强度，特别是 $Ni_{50}Al_{45}Co_5$-20% TiC 纳米复合材料，它的1 100 ℃高温屈服强度为136 MPa，是铸态纯NiAl的4倍。

7.2　纳米镁材料

7.2.1　纳米镁粉

7.2.1.1　纳米镁粉的制备方法

（1）高能球磨法

在球磨罐中按料∶球=10∶1的比例(体积)加入Mg粉(100~200目)与刚玉球，并加入适量水，进行球磨，每20 min停机一次，冷至室温；球磨时间共1 h。

（2）电阻加热蒸发法

将Mg粉直接放入钼锅内，设备抽真空后通氩气作为保护气，调节加热系统电压，使Mg粉熔化、蒸发、冷却，收集得到的Mg粉体。

7.2.1.2　纳米Mg的表面处理

根据表面改性剂与无机纳米粒子之间有无化学反应，纳米粒子的表面改性可分为物理吸附改性、包覆改性和表面化学改性。物理吸附改性、包覆改性中表面改性剂与无机粒子间除范德瓦耳斯力、氢键作用外，不存在离子键或共价键作用。表面化学改性是通过表面改性剂与无机粒子表面的一些基团发生化学反应，达到改性的目的。许多无机粒子都容易吸收水分，而使表面带有—OH基等活性基团；这些活性基团可以同表面改性剂上所含的官能团，如—OH、—COOH、—X等发生化学反应，达到改性的目的。采用偶联剂对纳米Mg进行化学改性，其工艺流程见图7-2。

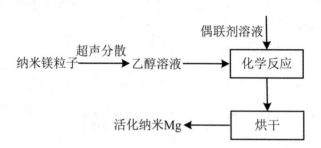

图7-2　采用偶联剂对纳米Mg进行化学改性的工艺流程

7.2.1.3　纳米镁粉颗粒的尺寸

由球磨法制备的纳米Mg中，含有单质Mg、$Mg(OH)_2$、$\alpha-Al_2O_3$等，粒子多为片状结构，其平均粒径大于100 nm；而由蒸发法制备的纳米Mg中，则仅含单质Mg，粒子多为球形，平均粒径在30~50 nm。以备使用。

7.2.2　纳米镁化物

7.2.2.1　纳米MgH_2的特性与应用

（1）制备条件

使用分析纯镁粉和经过脱氧脱水处理的钢瓶氢气为原料，分析纯四氢呋喃(经过脱氧脱水处理)为溶剂，分析纯四氯化钛($TiCl_4$)为催化剂母体，在常压、60 ℃条件下(Schlenk反应瓶、油浴、电磁搅拌)，制备MgH_2在氩气氛保护下，将MgH_2转移至另一反应瓶内，使用保温式加热电炉加热反应瓶至350 ℃，待去氢完全即制得Mg。

（2）MgH_2的特点

MgH_2储氢量可达7.66%，不仅是一种重要的储氢、储能材料，而且也是一些有机聚合反应的催化剂；另外还有许多其他用途，TEM测量结果表明，催化法制备的MgH_2是纳米尺寸的，其平均颗粒直径为18 nm。此外，通常MgH_2都是很活泼的，一接触空气即发生自燃，可是MgH_2尽管放/吸氢活性增加了，但由于在制备时向反应溶液中添加了少量有机添加剂，所以MgH_2可以直接在空气中快速转移，而其放/吸氢性能却不会受到影响，这对于MgH_2的开发应用是很有意义的，少量有机添加剂可能在后处理过程中包覆在MgH_2颗粒表面，对空气与MgH_2的作用起到了一定的阻滞作用。

（3）应用

由MgH_2放氢得到的Mg有着许多重要的应用，如用其制备纳米级氮化镁(Mg_3N_2)，Mg_3N_2又可用作六方氮化硼向立方氮化硼转化的催化剂，由Mg还可以制备纳米级MgO，MgO不仅可以用作催化剂载体，还可以用作催化剂，也可以用于制备纳米陶瓷，预计Mg在镁基轻型合金以及Mg/C复合材料中均有重要的应用。

7.2.2.2　磁性纳米镁铝水滑石

（1）结构与性能分析

①XRD分析。镁铝水滑石赋予磁性后，仍具有水滑石典型的层状结构。随着Fe(Ⅱ)/Mg物质的量之比的增加，这可能是添加磁性基质加快了晶核生成速度而减慢了晶核生长速度，使得到的产物晶形较差。

把MA-3-MHT-20在不同温度下焙烧形成磁性镁铝复合氧化物与参比物MgO晶体比较可以发现磁性镁铝复合氧化物具有和MgO一样的晶体结构(200 ℃焙烧产物除外)，未发现有其他物相存在，这表明在磁性镁铝复合氧化物中不存在分离的Al_2O_3和铁氧化物的物相。200 ℃焙烧后水滑石结构并未完全分解，其层状结构依然存在。

②TEM分析。由TEM分析可知，磁性基质的粒径约在10 nm，作为磁核加入到镁铝水滑石中后，磁性镁铝水滑石的粒径在20~50 nm，此值比由

Debye-Scherrer公式，$d = 0.9\lambda / (\beta\cos\theta)$，计算值略大2~3倍。这是由于纳米晶粒的表面能很大，晶粒发生团聚引起的。

③DTA分析。不同磁性基质含量MA-3-MHT样品的TG-DTA数据列于表7-6中。对于所有样品，第一阶段失重发生在217~234 ℃，这部分失重归因于层间的疏松结合水的失去，约占17%；第二阶段失重发生在330~379 ℃，这部分失重归因于晶格的脱羟基和脱羰基作用，约占26%。

表7-6　不同磁性基质含量MA-3-MHT样品的热分析数据

试样	首次质量损失/%	温度/℃	第二次质量损失/%	温度/℃
HT	16.86	223.8	26.09	335.7
HT100	17.03	219.2	26.14	317.8
MHT50	16.97	225.5	25.89	378.3
MHT20	16.92	233.4	26.02	344.7
MHT10	17.21	215.3	25.74	333.9

（2）磁性分料

图7-3及图7-4分别给出了磁性镁铝水滑石MA-3-MHT及其焙烧产物的比饱和磁化强度和MA-4-MHT-20磁滞回线，从表7-6及磁滞回线可以看出，镁铝水滑石添加磁性基质后表现出顺磁性，其饱和比磁化强度随磁性基质含量的增加而近乎线性增加，这说明磁性镁铝水滑石样品的磁性能仅与磁性基质的含量有关。另外，焙烧后形成的复合氧化物样品的比饱和磁化强度有所降低，这是由焙烧过程中磁性基质的价态变化引起的，但其比饱和磁化强度随磁性基质含量增加而增加的趋势仍然存在。

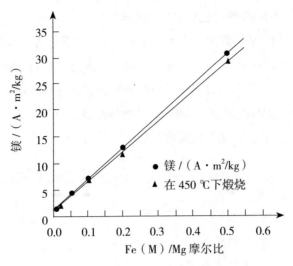

图7-3 磁性镁铝水滑石及其焙烧

产物的比饱和磁化强度随磁性

基含量的变化曲线

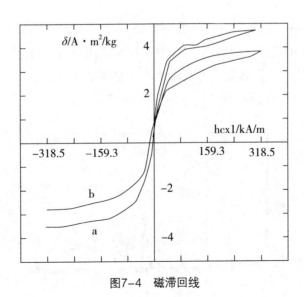

图7-4 磁滞回线

7.2.2.3　纳米镁粉改性MgB$_2$的超导性

对用纳米镁粉(平均颗粒度不大于40 nm)在常压下制备MgB$_2$超导样品(以下简称纳米MgB$_2$超导样品)进行了研究，得到了一组与用普通颗粒镁粉分别在真空条件下和流动氩气下制备MgB$_2$超导样品时得到的原位ρ-T曲线不同的曲线。

图7-5是纳米MgB$_2$超导样品的抗磁性对温度的测量曲线，从图中可知其转变温度是-234 ℃，转变宽度接近3 ℃。

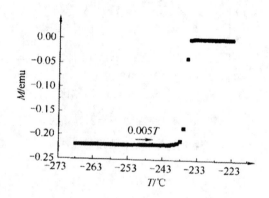

图7-5　纳米MgB$_2$超导样品在外场是50 Oe和ZFC条件下的M-T曲线

图7-6是纳米MgB$_2$超导样品的X射线衍射图，从图中可以看出MgB$_2$是主相，但是有MgO相存在的痕迹。MgO相的出现是由于制备纳米镁粉时为保证其接触空气时，在稍微高一些的温度不会自燃，进行氧化处理就已经形成的。当然也有纳米镁粉和硼粉表面吸附的氧的作用。

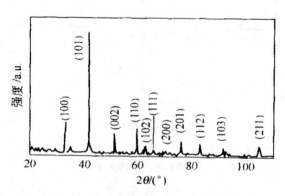

图7-6　750 ℃下制备的纳米MgB$_2$超导样品的X光衍射图

纳米MgB₂超导样品的升温、保温和冷却三个阶段的原位电阻率对温度和烧结时间的曲线如图7-7所示。

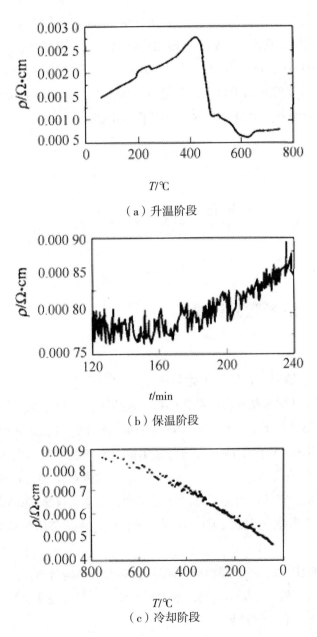

（a）升温阶段

（b）保温阶段

（c）冷却阶段

图7-7 纳米MgB₂超导样品的原位ρ-T曲线

由图7-7(a)可知，室温下MgBr胚体样品的电阻率是0.001 57 Ω·cm，这是银和铜等良导体的电阻率值$(1.5\sim1.6)\times10^{-6}$ Ω·cm的约1 000倍，是导电性能较差的汞的电阻率的15倍左右。可见纳米MgB_2胚体样品本身已经是个导电性能较差的导体了。从图7-7(a)又知，纳米MgB_2胚体样品在从室温升到450 ℃的过程中表现出了金属性，电阻率随温度的升高而增加。对于以普通颗粒镁粉和硼粉在同样温度和气氛下，升温阶段二硼化镁胚体样品表现出的是电阻率随温度的升高而减少，这是纳米MgB_2样品在制备过程中与普通颗粒镁粉为原料制备MgB_2样品时的一个明显不同点。

7.3　纳米钛材料

7.3.1　纳米微晶钛膜

7.3.1.1　纳米微晶钛膜的微结构

金属钛及其纳米微晶薄膜结构的特点决定了它的储氢能力和其他性能。纳米微晶钛膜是基于纳米粒子密集而成的金属材料。用透射电镜(TEM)、X射线衍射(XRD)、正电子湮没及穆斯堡尔谱分析对纳米微晶固体(包括纳米非晶固体、准晶固体)结构进行了研究，表明纳米微晶固体由两种组元组成：晶粒组元，它的所有原子都位于晶格内的格点上(纳米非晶固体或准晶固体分别称为非晶或准晶组元)；界面组元，所有原子都位于晶粒之间的界面上。

外界条件(压力、热处理和成形温度等)对纳米结构材料界面结构的影响显著，当其改变后，界面结构随之发生很大变化。粒径变小，原子间距相应减小，微粒点阵有收缩趋势。

7.3.1.2 热稳定性

纳米微晶钛膜的氢饱和工艺有一真空加热除气预处理过程，在较宽温度范围内保持良好的热稳定性(粒径无明显长大)是材料的关键。

（1）温度处理对晶粒尺寸的影响

一般说来，纳米微晶庞大比例的界面和较高的界面能为颗粒长大提供驱动力，使得界面常处于亚稳态。退火温度升高，晶粒生长速度加快，晶粒尺寸随退火时间的变化为：

$$D = kt^n$$

式中，D为粒径；k为速率常数；t为退火时间；n为晶粒生长的快慢，随温度的升高而增大。

（2）其他因素对晶粒长大的影响

纳米钛膜的生长和成膜过程会留下不同程度的应力，而晶粒的变形程度对温度处理后的晶粒大小有严重的影响。当变形量很小时，由于储存能很小，不可能出现再结晶过程，晶粒大小不会改变。当变形量达到材料的临界变形度或大于一倍以上时，晶粒严重粗化。

7.3.1.3 纳米微晶钛膜的氢化行为

储氢钛材若有实用性，应具备以下条件，储氢密度大，氢化物生成热小，高原子比氢化物相和低氢浓度的固溶体共存和吸放氢速度大，反复循环吸放性能不变坏。

由于纳米微晶物质的晶粒尺寸很小，大的界面体积百分比使界面具有很高的成核格点浓度。在氢饱和过程中，氢原子在这种材料中具有高扩散系数和短反应距离，从而有可能在较低的温度下形成固态的界面亚稳相或稳定相。

7.3.2 纳米二氧化钛

纳米钛白粉，亦称纳米二氧化钛。TiO_2纳米材料主要有三大特性：超微性、高效光催化活性和紫外吸收性，纳米二氧化钛还具有很高的化学稳定性、热稳定性、无毒性、超亲水性、非迁移性，且完全可以与食品接触，具有抗紫外线、抗菌、自洁净、抗老化功效，可用于化妆品、功能纤维、塑料、油墨、涂料、油漆、精细陶瓷、抗菌材料、食品包装材料、纺织、光催化触媒、自洁玻璃、造纸工业填料、航天工业等领域。

7.3.2.1　纳米钛白的分类及产品指标

纳米钛白按照晶型可分为金红石型纳米钛白粉和锐钛型纳米钛白粉，按照其表面特性可分为亲水性纳米钛白粉和亲油性纳米钛白粉。表7-7给出了纳米钛白的产品指标，指标并非指的是某一公司产品指标，而是市场上常见的，故有些数据并不能套在某一产品上。

表7-7　纳米钛白产品指标

技术数据	金红石型纳米级钛白粉	锐钛型纳米级钛白粉
性状	白色粉末	白色粉末
晶型	金红石型	锐钛型
金红石含量/%	99	—
粒径/nm	20～50	15～50
干燥减量/%	1	1
灼烧减量/%	10～25	10
表面特性	亲水性或亲油性	亲水性或亲油性
pH	6.5～8.5	6.5～8.5
比表面积/（m^2/g）	80～200	80～200
重金属(以Pb计)/%	0.001 5	0.001 5
砷含量/%	0.000 8	0.000 8
铅含量/%	0.000 5	0.000 5
汞含量/%	0.000 1	0.000 1

7.3.2.2　纳米钛白应用功能特性

纳米钛白作为稳定无机材料，具有纳米材料和钛白的共有应用特性。

（1）颜料特性

纳米TiO_2商品以金红石型为主，但也有锐钛型，还有混晶型和无定型。汽车面漆用的纳米TiO_2，必须是经表面处理的金红石型，具有优异的耐候性。纳米TiO_2具有与普通颜料TiO_2相同的TiO_2成分和相同的金红石型或锐铁型晶型。作为一种基本晶型没有改变的TiO_2，自然还具有普通颜料TiO_2的许多特点，如耐化学性、热稳定性(金红石型)、无毒性等。但是普通颜料TiO_2的粒径为0.2~0.4 m(即200~400 mm)，它对整个光谱都具有同等程度的强反射，因此外观呈白色，遮盖力很强；而纳米TiO_2的粒径一般为10~50 nm，是普通颜料TiO_2粒径的1/10，光线通过粒子时发生绕射，对可见光的透射能力很强，因此呈现透明而失去遮盖力。例如，对波长550 nm的可见光，透明度可达90%以上。但是，根据著名的瑞利光散射理论，这种纳米TiO_2还是可以反射短波光如可见光中的蓝色光。由于粒子附聚，以粉末状态存在的纳米TiO_2只能达到半透明状，具有带蓝色调的乳白色。

由于纳米TiO_2具有与普通颜料TiO_2所不同的粒径，其粒子尺寸小，随着粒子的超细化，单位体积或质量的纳米TiO_2粒子众多，增加了许多吸收或散射点，故纳米TiO_2比普通颜料TiO_2具有更大的紫外线屏蔽性。由于纳米TiO_2粒子的超细化，其比表面积大为增加，其表面原子结构和晶体结构发生了变化，因而便产生了与普通颜料TiO_2所不同的表面效应、体积效应、量子尺寸效应、宏观量子隧道效应、表面界面效应、颜色效应、随角异色效应、透明性和光学特性等多种奇异性能。

（2）光催化功能

采用液相法制备出的纳米二氧化钛具有粒子团聚少、化学活性高、粒径分布窄、形貌均一等特性，具有很强的光催化性能。研究结果表明，在日光或灯光中紫外线的作用下使TiO_2激活并生成具有高催化活性的游离基，能产生很强的光氧化及还原能力，可催化、光解附着于物体表面的各种甲醛等有机物及部分无机物，能够起到净化室内空气的功能。

影响TiO_2光催化活性的因素很多，就TiO_2本身特性而言，主要有晶型、晶粒尺寸和晶体缺陷。一般认为锐钛型晶型的TiO_2光催化活性高于金红石晶型，但也有研究表明混晶有更高的催化活性。TiO_2粒子的粒径越小，单位质量的粒子数越多，比表面积也就越大，越有利于光催化反应在表面上进行，因而光催化反应速率和效率越高。当粒子的大小在1～10 nm时，就会出现量子化效应，成为量子化粒子，导致明显的禁带变宽，从而使空穴-电子对具有更强的氧化-还原能力；催化活性将随尺寸量子化程度的提高而增大，尺寸的量子化也使半导体获得更大的电荷迁移速率，空穴与电子复合的概率大大减小，也有利于提高光催化效率。另外，缺陷的存在对TiO_2光催化活性也有着重要影响。

1972年，Fujishima和Honda在英国《Nature》杂志上首次报道了二氧化钛电极在紫外光照射下分解水产生氢气的现象。光催化制氢是利用太阳能引发的光化学过程分解水产出氢，氢能是非常高效、清洁的能源，而地球水资源储量是巨大的。

（3）二氧化钛纳米材料紫外线吸收特性的应用

紫外线对皮肤的危害：绝大部分的UVB在表皮层即被吸收，皮肤产生急性红斑效应，形成黑色素，发生急性皮炎，通常称为日光晒斑；UVA辐射能量占紫外线能量的98%，绝大部分能够透过真皮，少量的甚至透过真皮的皮下组织，辐射穿透力远远大于UVB，长期照射积累，会逐渐破坏弹力纤维，使肌肉失去弹性，引起皮肤松弛，出现皱纹、雀斑和老年斑。紫外线过量照射容易引起皮肤癌。

一般TiO_2纳米材料的粒径小于100 nm，可以有效地散射和吸收紫外线，具有很强的紫外线屏蔽能力。散射原理：当紫外线作用到介质中的TiO_2纳米粒子时，由于粒子尺寸小于紫外线的波长，TiO_2纳米材料中的电子被迫振动(其振动频率与入射光波的频率相同)，成为二次波源，向各个方向发射电磁波，即紫外线的散射。吸收原理：TiO_2是一种n型半导体，锐钛型TiO_2的禁带宽度为3.2 eV，金红石型TiO_2的禁带宽度为3.0 eV，价带上的电子可吸收紫外线而被激发到导带上，同时产生电子-空穴对，紫外线的能量被吸收，再以热量或产生荧光的形式释放能量，不对皮肤造成伤害。

TiO_2纳米材料为粒径在10～100 nm的白色无机小颗粒，无毒性，无臭味、怪味，紫外线照射下不分解，不易与其他化学成分反应，能够在透过可见光的同时有效地屏蔽UVA和UVB，具有极强的紫外线吸收能力。最突出的特点是安全性和有效性。影响TiO_2纳米材料紫外线吸收能力主要有以下几个因素：

①晶型。从保持稳定、增强屏蔽作用、减少光活性以及降低其光危害性的角度出发，在化妆品中尽量使用金红石型TiO_2。

②粒径。TiO_2纳米材料的粒径大小与其抗紫外线能力密切相关，当其粒径等于或者小于光波波长的一半时，对光的反射、散射量最大，屏蔽效果最好。紫外线的波长为190～400 nm，因此TiO_2的粒径不能大于200 nm，最好不大于100 nm。粒径太小的问题：比表面积大，颗粒易团聚，对分散不利；易堵塞皮肤毛孔，不利于透气和排汗。TiO_2纳米材料的最佳粒径范围是30～100 nm，对紫外线的屏蔽效果最好，同时透过可见光，使皮肤的白度显得更自然，不会太白。

参考文献

[1]李云凯，薛云飞.金属材料学[M].3版.北京：北京理工大学出版社，2019.

[2]颜国君.金属材料学[M].北京：冶金工业出版社，2019.

[3]贾克明，董海.金属材料概论[M].北京：化学工业出版社，2021.

[4]隋育栋.铝合金及其成形技术[M].北京：冶金工业出版社，2020.

[5]曹鹏军.金属材料学[M].北京：冶金工业出版社，2018.

[6]李安敏.金属材料学[M].成都：电子科技大学出版社，2017.

[7]缪强，梁文萍.有色金属材料学[M].西安：西北工业大学出版社，2018.

[8]刘光磊，刘海霞，万浩作.有色金属材料制备与应用[M].北京：机械工业出版社，2021.

[9]李爱农，刘钰如.工程材料及应用[M].武汉：华中科技大学出版社，2019.

[10]黄伯云，韩雅芳.新型合金材料——铝合金[M].北京：中国铁道出版社，2018.

[11]王学武.金属材料与热处理[M].北京：机械工业出版社，2018.

[12]王渠东.镁合金及其成形技术[M].北京：机械工业出版社，2017.

[13]赵浩峰，范晋平，王玲.镁合金及其加工技术[M].北京：化学工业出版社，2017.

[14]王涛.镁锂稀土合金及其表面腐蚀与防护[M].北京：化学工业出版社，2016.

[15]王晓军，吴昆.颗粒增强镁基复合材料[M].北京：国防工业出版社，2018.

[16]孟超.深入探讨新型金属材料：超级合金的性能与应用[M].成都：电

子科技大学出版社，2018.

[17]谭劲峰.轻有色金属及其合金熔炼与铸造[M].北京：冶金工业出版社，2013.

[18]杨保祥，胡鸿飞，何金勇，等.钛基材料制造[M].北京：冶金工业出版社，2015.

[19]赵忠魁.含锂铝合金的组织与性能[M].北京：国防工业出版社，2013.

[20]秦庆东.Al–Mg$_2$Si复合材料[M].北京：冶金工业出版社，2018.

[21]薛云飞.先进金属基复合材料[M].北京：北京理工大学出版社，2019.

[22]金培鹏，韩丽，王金辉.轻金属基复合材料[M].北京：国防工业出版社，2013.

[23]周国华.超细晶碳纳米管增强镁基复合材料[M].北京：机械工业出版社，2015.

[24]朱和国，张爱文.复合材料原理[M].北京：国防工业出版社，2013.

[25]李攀.轻金属材料在软件工程设计中的应用[J].世界有色金属，2017（7）：185+187.

[26]王瑛喆，刘传值，汪俊辰.轻金属材料在汽车行业中的应用[J].南方农机，2017，48（7）：139+147.

[27]白彩盛，赵立杰.金属材料在汽车轻量化中的应用探讨[J].世界有色金属，2019（13）：291+293.

[28]祝明明，张庆帅，石旭.金属材料在汽车轻量化中的应用与发展[J].南方农机，2017，48（5）：139+141.

[29]袁金磊.轻金属和轻量化材料在汽车中的实际应用[J].山东工业技术，2019（5）：58.

[30]邓运来，张新明.铝及铝合金材料进展[J].中国有色金属学报，2019，29（9）：2115–2141.

[31]李龙，夏承东，宋友宝，等.铝合金在新能源汽车工业的应用现状及展望[J].轻合金加工技术，2017，45（9）：18–25+33.

[32]郑晖，赵曦雅.汽车轻量化及铝合金在现代汽车生产中的应用[J].锻压技术，2016，41（2）：1–6.

[33]吴孟武，华林，周建新，等.导热铝合金及铝基复合材料的研究进展

[J].材料导报，2018，32（9）：1486-1495.

[34]侯世忠.汽车用铝合金的研究与应用[J].铝加工，2019（6）：8-13.

[35]李军义，王东新，刘兆刚，等.铍铝合金的制备工艺与应用进展[J].稀有金属，2017，41（2）：203-210.

[36]纪宏超，李轶明，龙海洋，等.镁合金在汽车零部件中的应用与发展[J].铸造技术，2019，40（1）：122-128.

[37]丁文江，吴国华，李中权，等.轻质高性能镁合金开发及其在航天航空领域的应用[J].上海航天，2019，36（2）：1-8.

[38]范玲玲，周明扬，屈晓妮，等，石墨烯增强轻金属基复合材料的研究进展[J].热加工工艺，2018，47（4）：8-13.

[39]何阳，袁秋红，罗岚，等.镁基复合材料研究进展及新思路[J].航空材料学报，2018，38（4）：26-36.

[40]张文毓.金属基复合材料的现状与发展[J].装备机械，2017（2）：79-83.

[41]冯艳，陈超，彭超群，等.镁基复合材料的研究进展[J].中国有色金属学报，2017，27（12）：2385-2407.

[42]田雅琴，朱书豪，张小平.金属基纳米复合材料的研究进展[J].功能材料，2019，50（6）：6023-6027+6037.

[43]马思源，郭强，张荻.纳米Al_2O_3增强金属基复合材料的研究进展[J].中国材料进展，2019，38（6）：577-587.

[44]李伯琼，谢瑞珍，温凯，等.烧结工艺对多孔TNTZ合金微观结构与压缩行为的影响[J].粉末冶金工业，2021，31（4）：59-65.

[45]李伯琼，谢瑞珍，李春林.烧结工艺对医用Ti-Nb-Ta-Zr合金微观结构及性能的影响[J].粉末冶金工业，2020，30（3）：1-7.

[46]李伯琼，李志强，陆兴.孔隙结构对多孔钛耐蚀性能的影响[C].第七届中国功能材料及其应用学术会议论文集，2010：197-200.

[47]李伯琼，陆兴，侯健，等.烧结多孔钛的显微组织和孔隙特征[J].功能材料，2007，38（增刊）：1762-1765.

[48]李伯琼，陆兴，王德庆，等.一种可用于人骨植入物的多孔钛研究[J].生物骨科材料与临床研究，2006，3（6）：42-43.

[49]李伯琼，陆兴，王德庆.制备工艺对多孔钛的微观结构和压缩性能的影响[J].大连铁道学院学报，2006，27（3）：70-76.

[50]李伯琼.多孔钛的微观结构与性能研究[D].大连：大连交通大学，2011.

[51]李伯琼，王德庆，陆兴.粉末冶金多孔钛的研究[J].大连铁道学院学报，2004，25（1）：74-78.

[52]李志强，李伯琼，何辉，等.$Ag_{60.7}Al_{39.3}$合金的阳极极化行为和去合金化研究[J]功能材料增刊，2007，38：2606-2608.

[53]覃作祥，贾燚，李志强，等.多孔银的微观结构与纳米压痕法力学性能[J].大连交通大学学报，2010，31（3）：67-70.

[54]华菊翠，李伯琼，张丹枫，等.Cu-（0.5%~1.5%）Te合金组织和性能[J].大连交通大学学报，2007，28（1）：66-69.